W0356104

ABITUR-WISSEN BIOLOGIE

Albert Kollmann

Genetik

STARK

ISBN 978-3-89449-458-2

© 2015 by Stark Verlagsgesellschaft mbH & Co. KG
www.stark-verlag.de
1. Auflage 2000

Das Werk und alle seine Bestandteile sind urheberrechtlich geschützt. Jede vollständige oder teilweise Vervielfältigung, Verbreitung und Veröffentlichung bedarf der ausdrücklichen Genehmigung des Verlages.

Inhalt

Fortsetzung siehe nächste Seite

Autor: Dr. Albert Kollmann

Vorwort

Liebe Schülerinnen und Schüler,

die Forschung hat in den letzten Jahren und Jahrzehnten außerordentliche Fortschritte auf dem biologischen Fachgebiet Genetik gemacht. Durch die gewonnenen Erkenntnisse ist die Genetik heute ein faszinierendes, hochaktuelles und vor allem gesellschaftlich relevantes Thema für den Menschen geworden.

Die Genetik ist die Lehre von der Vererbung. Vererbung ist die Weitergabe der genetischen Information. **Die Frage nach der genetischen Information** wird Sie durch alle Kapitel des Buches begleiten. Zunächst geht es um die chemischen Grundlagen und die Umsetzung des genetischen Materials in sichtbare Merkmale sowie die Veränderungen, die das genetische Material unter Umständen erfährt. Dann befassen Sie sich mit der Lokalisation des Erbguts in Zellen und Chromosomen sowie mit den Regeln, nach denen die genetische Information bei Prokaryoten, Pflanzen, Tieren und Menschen an die Nachkommen weitergegeben wird. Schließlich wird behandelt, wie Erbanlagen mit modernen Methoden sichtbar und zugänglich gemacht sowie gezielt verändert werden können.

Bei Ihrer **Vorbereitung auf Unterricht und Abitur** stehen Sie vor der Aufgabe, sich das nötige Fachwissen möglichst umfassend anzueignen. Dabei möchten Sie Ihre Kenntnisse aus dem Unterricht festigen und gleichzeitig vor lauter Einzelheiten nicht den Überblick verlieren. Das ist keine leichte Aufgabe, aber dieses Buch hilft Ihnen dabei.

In diesem Band der Reihe Abitur-Wissen werden **alle abiturrelevanten** Themenbereiche der Genetik behandelt, wobei auf einen logischen und in sich geschlossenen Aufbau geachtet wurde. Eine klare und dennoch **einfache Formulierung des Textes** und viele **übersichtliche Schemata** sollen Ihnen helfen, ohne Verzicht auf die **notwendige Fachsprache** die Zusammenhänge zu verstehen.

Viel Freude an dem faszinierenden Gebiet der Genetik.

Dr. Kollmann

Dr. Albert Kollmann

Genetik – eine moderne Wissenschaft

Eine moderne Laborausstattung und leistungsstarke Bild- und Datensoftware gehören zu den Voraussetzungen für die Umsetzung genetischer Untersuchungen.

Historische Entwicklung

Schon seit der Antike haben Menschen über die Ähnlichkeit nachgedacht, die man in vielen Familien zwischen Eltern und Kindern beobachten kann. Was mag die Ursache dafür sein, dass Merkmale der Eltern in ähnlicher Form bei den Kindern wieder auftauchen?

ARISTOTELES (4. Jh. v. Chr.): Griechischer Philosoph

Nach der Vorstellung von **ARISTOTELES** erhält ein Organismus, der durch geschlechtliche Fortpflanzung entstanden ist, seine „Substanz" vom weiblichen Ei und seine „Form" durch den „männlichen Samen".

Nach der **Präformationslehre** trägt eine der beiden Geschlechtszellen, die Ei- oder die Spermazelle ein fertiges kleines Wesen in Miniaturformat in sich.

Im 17. und 18. Jahrhundert war die **Präformationslehre** verbreitet.

JOHANN GREGOR MENDEL (1822–1884): Augustinerpater aus Brünn, der Kreuzungsversuche mit Erbsen durchführte → siehe S. 88 ff.

Genetik ist die Lehre von der **Vererbung**. Unter Vererbung versteht man die Weitergabe genetischer Information von Generation zu Generation, von Zelle zu Zelle.

Die erste wissenschaftliche Veröffentlichung über Vererbung erschien 1866, als **GREGOR MENDEL** seine Versuche über die Vererbung von pflanzlichen Merkmalen bekanntgab. Aber es sollten noch einmal 36 Jahre vergehen, bis sich die Wissenschaft an MENDELs epochemachende Versuche erinnerte. Erst im 20. Jahrhundert wurde Genetik als eigenständiger Zweig der biologischen Wissenschaft betrieben und gelehrt. Heute hat sich die Vererbungslehre zu einem hochaktuellen Forschungsgebiet der Biologie entwickelt, auf dem in rasender Geschwindigkeit ständig neue Erkenntnisse gewonnen werden, die für die Menschheit von außerordentlich großer Bedeutung sind, wie Gentechnik und Genetische Manipulation, Züchtung von neuen Tier- und Pflanzenrassen, Klonierung, Gentherapie, genetischer Fingerabdruck, Biotechnologie, Schädigung des Erbgutes oder Erbkrankheiten (verursacht durch Chemikalien oder durch Strahlung), Krebsforschung und viele andere.

Teilgebiete und Nachbardisziplinen der Genetik

Die Vererbungslehre ist mit anderen biologischen **Nachbardisziplinen** eng verflochten. Diese Fachgebiete liefern ihrerseits dem Genetiker wichtige Erkenntnisse:

- Die **Zytologie** befasst sich mit dem Bau der Chromosomen und ihrem Verhalten bei der Zell- und Kernteilung, sowie ihrer Verteilung bei der Keimzellbildung und bei der Befruchtung (Zytogenetik).
- Die **Physiologie** untersucht z. B. die Stoffwechselprozesse im Organismus sowie ihre enzymatische Steuerung. Da Enzyme erst auf eine genetische Anweisung hin entstehen, interessiert den Genetiker die Frage nach dem Zusammenwirken der Erbanlagen beim Zustandekommen der Stoffwechselprozesse (Genphysiologie).
- Die **Biochemie** liefert die chemischen Grundlagen der Stoffwechselprozesse, des Aufbaus und der Replikation der Erbsubstanz sowie der Proteinbiosynthese **(Molekulargenetik)**.
- Die **Medizin** untersucht z. B. die Ursachen und die Behandlungsmöglichkeiten von Erbkrankheiten, sowie die Folgen von Chemika-

lien- und Strahleneinwirkungen auf das Erbgut. Erkenntnisse finden u. a. ihre praktische Anwendung bei der Vaterschaftsbestimmung sowie bei der genetischen Familienberatung (Humangenetik).

- Die **Tier- und Pflanzenzüchtung** ist angewandte Genetik. Durch Kreuzung von Individuen mit unterschiedlichen Merkmalen wird die Weitergabe der Merkmale von Generation zu Generation beobachtet und erforscht.
- Die **Statistik** wurde mit ihren mathematischen Methoden eine wichtige Hilfswissenschaft bei der Auswertung genetischer Experimente (Klassische Genetik und Formale Genetik).

Eukaryot: gr. *eu* wohl, *karyotos* kernig, gekernt; Organismus mit Zellen, die einen abgegrenzten Zellkern enthalten

Die **karyotische Vererbung** befasst sich mit Vererbungsvorgängen bei **Eukaryoten**, wobei das Verhalten der Chromosomen während der Kernteilungen die ausschlaggebende Rolle spielt. Auch außerhalb des Zellkerns kommt genetisches Material in den Mitochondrien und Plastiden vor. Die Weitergabe von Genmaterial außerhalb des Zellkerns bezeichnet man als **extrachromosomale (extrakaryotische) Vererbung**.

Prokaryot: Einzelliger Organismus, der keinen abgegrenzten Zellkern und keine membranumschlossenen Organellen aufweist

Bei **Prokaryoten**, also Bakterien, Viren und Blaualgen befindet sich die Nukleinsäure frei im Plasma als ringförmig geschlossenes DNA-Molekül. Man spricht dann von **akaryotischer Vererbung**.

Vererbung bei Eukaryoten → siehe S. 89 ff.

Vererbung bei Prokaryoten → siehe S. 33 ff.

Genetik		
Vererbung bei Eukaryoten		Vererbung bei Prokaryoten
karyotische Vererbung	extrachromosomale Vererbung	akaryotische Vererbung

Tab. 1: Einteilung der Genetik nach der Lokalisation des Erbmaterials.

Molekulargenetik

Das DNA-Molekül ist eine schraubenförmig gewundene Doppelhelix aus zwei antiparallel laufenden Einzelsträngen, die über komplementäre Basenpaarungen miteinander verbunden sind.

1 Was ist Leben? – Proteine und Nukleinsäuren

Mit der Veröffentlichung eines Buches mit dem Titel „Was ist Leben?“ warf **ERWIN SCHRÖDINGER** 1944 die zentrale Frage der Biologie auf. Bereits 1940 gründete **MAX DELBRÜCK** einen Zusammenschluss von Wissenschaftlern aus der Biologie, Physik und Chemie, die sich die Erforschung von Bakteriophagen zum Ziel setzten, die sogenannte Phagengruppe. Deren Forschungsansätze zeigten, dass als grundlegende Moleküle des Lebens insbesondere zwei Stoffklassen in Frage kamen: Zum einen die **Proteine** und zum anderen die **Nukleinsäuren**.

1.1 Wie Proteine gebaut sind

Eiweiß (**Protein**) ist neben Kohlenhydraten und Fetten eine der wichtigsten chemischen Verbindungsgruppen in Lebewesen. Proteine bestehen aus Aminosäuren.

→ siehe Proteinbiosynthese S. 39 ff.

Die **Eiweißstoffe (Proteine)** sind eine außerordentlich wichtige Stoffgruppe. Es handelt sich dabei um diejenigen Verbindungen, die direkt oder indirekt als „Merkmal“ eines Organismus in Erscheinung treten. Entwicklung und Funktion eines Lebewesens beruhen auf der wohlkoordinierten Aktivität einer großen Anzahl von Proteinmolekülen. Die genetische Information für diese Proteine liegt auf der DNA. Bei der Umsetzung des komplizierten Bauplans für ein Lebewesen ist es entscheidend, dass die passenden Proteine am richtigen Ort und zum richtigen Zeitpunkt bereitgestellt werden.

Protein	Beispiele und Aufgaben
Strukturprotein	Stützgewebe, wie Kollagen in Knochen und Knorpel
Enzymprotein	Bestandteil der Enzyme, die für die Katalyse der biochemischen Reaktionen im Körper zuständig sind (DNase, Phenylalaninhydroxylase)
Kontraktile Proteine	Actin und Myosin in den Muskeln
Transportproteine	Hämoglobin, das für den Sauerstofftransport im Blut sorgt
Regulationsproteine	Hormon Insulin, das den Zuckerstoffwechsel steuert
Schutzproteine	Antikörper (Immunglobuline), die für die Abwehr von körperfremdem Eiweiß zuständig sind

Tab. 2: Vorkommen und Aufgaben verschiedener Proteine im Körper von Wirbeltieren

Eine Kette aus zwei bis 100 Aminosäuren nennt man **Peptid** (z. B. Dipeptid, Tripeptid, Oligopeptid, Polypeptid), eine Kette von über 100 Aminosäuren heißt **Protein**.

Aminosäuren und Peptide – Die Bausteine der Proteine

Trotz chemischer Unterschiede haben alle Aminosäuren das gleiche Bauschema (Abb. 1). Sie bestehen aus einem zentralen Kohlenstoffatom mit vier chemischen Baugruppen: **Aminogruppe**, organische **Säuregruppe**, Wasserstoffatom und variabler Rest.

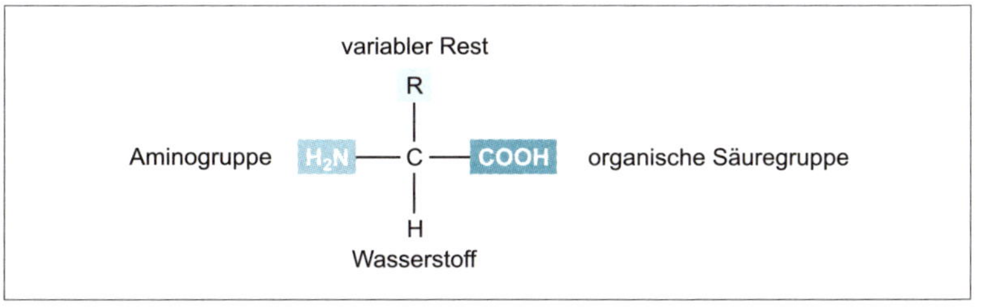

Abb. 1: Allgemeines Bauschema einer Aminosäure

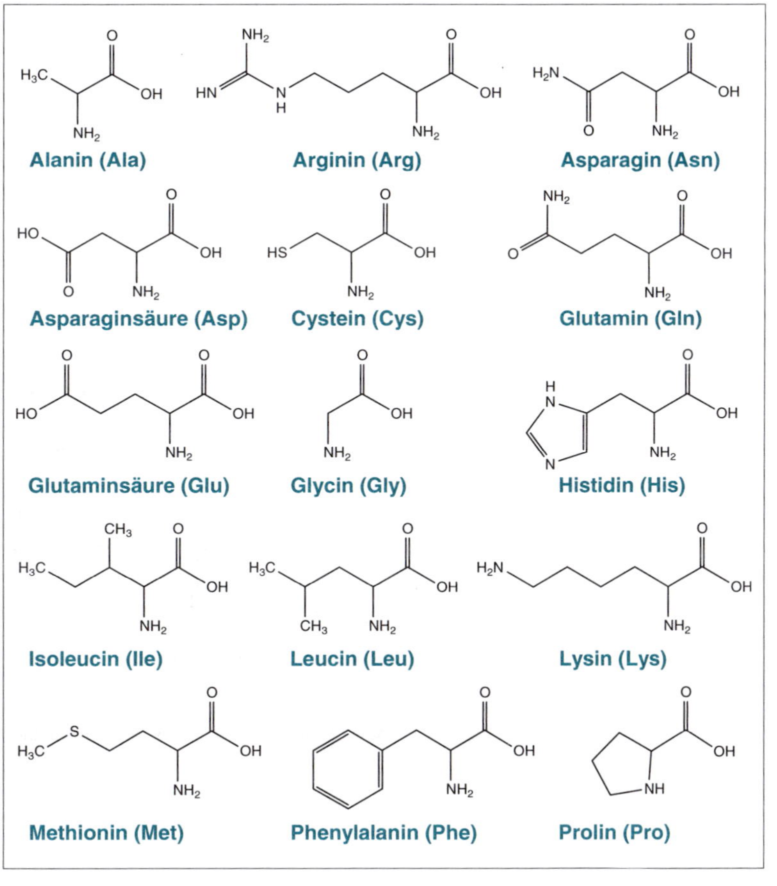

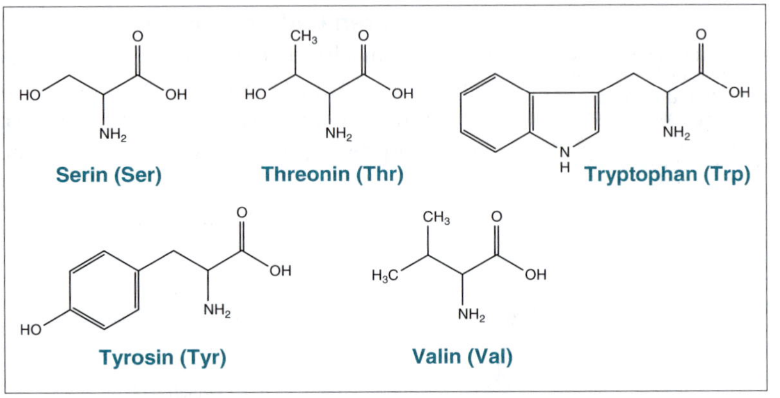

Abb. 2: Übersicht über die chemische Struktur der 20 kanonischen Aminosäuren; die Bezeichnungen in Klammern geben die international üblichen Abkürzungen für die Aminosäuren an.

Kanonische Aminosäuren sind diejenigen Aminosäuren, die durch entsprechende Basensequenzen der DNA (Codons) verschlüsselt werden und somit den Standard darstellen.

Durch die Anlagerung 20 verschiedener Reste (R) an das zentrale Kohlenstoffatom können 20 unterschiedliche Aminosäuren gebildet werden (Abb. 2). Bis auf den jeweiligen Rest ist die Grundstruktur stets gleich.
Aminosäuren können unter Wasseraustritt (Kondensationsreaktion) zu Peptiden oder langen Proteinketten verknüpft werden (Abb. 3). Die dabei entstehende Art der chemischen Verknüpfung nennt man **Peptidbindung**.

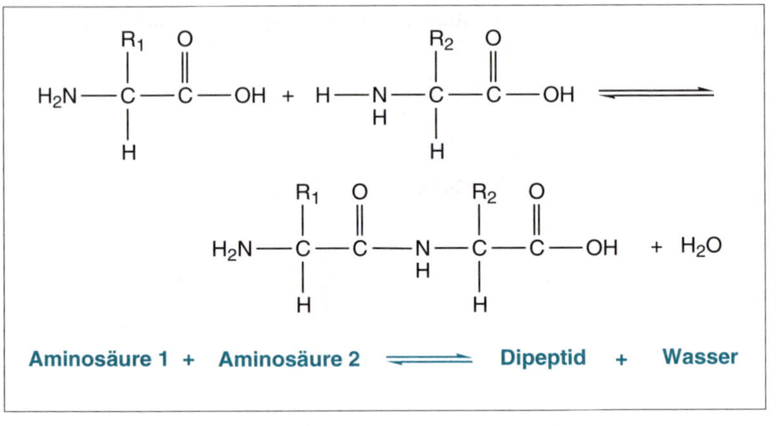

Abb. 3: Zwei Aminosäuren verbinden sich unter Abspaltung von Wasser zu einem Dipeptid.

Die Primärstruktur der Proteine

Unter der **Primärstruktur** versteht man die Abfolge der Aminosäuren in Proteinen.

Enzyme sind fast immer Proteinmoleküle, die ganz bestimmte Reaktionen des Stoffwechsels katalysieren.

Die charakteristischen Eigenschaften der Proteine hängen in erster Linie von ihrer Aminosäuresequenz (Primärstruktur) ab (Abb. 5).

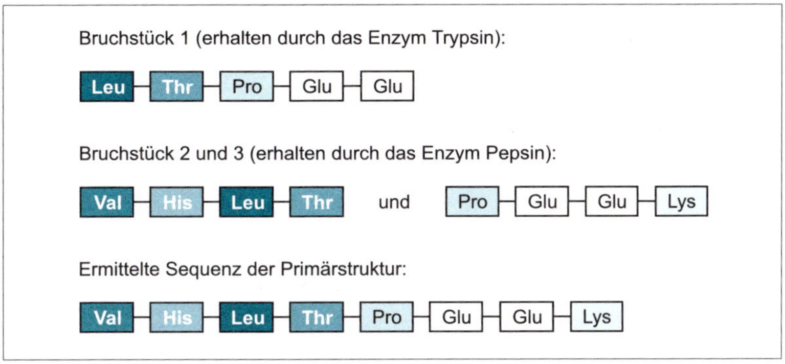

Abb. 4: Verschiedene Enzyme spalten die Proteinkette an charakteristischen Stellen. Aufgrund der überlappenden Fragmente kann die Primärstruktur des Proteins ermittelt werden.

Chromotografie ist ein chemisches Analyseverfahren, bei dem ein Stoffgemisch in seine Einzelbestandteile zerlegt wird.

Man ermittelt die Primärstruktur durch einen schrittweisen Abbau der Proteinkette durch Enzyme (Abb. 4). Die so erhaltenen Peptid-Fragmente werden chromatografisch analysiert. Da verschiedene Enzyme (z. B. Trypsin oder Pepsin) die Proteinkette jeweils an anderen, charakteristischen Stellen spalten, erhält man verschiedene Bruchstücke, die auf die zugrundeliegende Primärstruktur schließen lassen. Heute wird die Zerlegung von Proteinen in ihre Bruchstücke von Automaten innerhalb kurzer Zeit durchgeführt. Die anschließende Puzzlearbeit erledigen Computer.

Inzwischen kennt man bereits die Aminosäuresequenzen unzähliger Proteine, z. B. von Insulin mit 51 Aminosäuren, dem Tabakmosaik-Hüllprotein mit 158 Aminosäuren und dem Hämoglobin mit 574 Aminosäuren.

Raumstrukturen verleihen den Proteinen ihre Vielfalt

Obwohl an zwei Dritteln der Bindungen innerhalb einer Aminosäurekette freie Drehbarkeit herrscht (nur die Peptidbindung ist starr), können Proteine nicht alle beliebigen Raumstrukturen, sondern jeweils nur eine ganz bestimmte Form einnehmen, die sich aufgrund der gegebenen Sequenz der Aminosäurekette von selbst ausbildet. Wenn die Primärstruktur eine bestimmte, fest beschreibbare Gestalt einnimmt, sprechen wir von der **Sekundärstruktur** des Proteins.

Mit der **Sekundärstruktur** wird die räumliche Anordnung der Primärstruktur beschrieben.

Bei **polaren** Atombindungen ist das Bindungselektronenpaar auf die Seite eines Bindungspartners verschoben (der Grund dafür sind unterschiedliche Elektronegativitäten).

Ein charakteristisches Beispiel für eine **Sekundärstruktur** ist die **Alpha-Helix**, eine Spiralstruktur ähnlich der DNA-Helix (siehe S. 16). Sie kommt bei vielen Proteinen, z. B. im alpha-Keratin des Haares vor. Wasserstoffbrückenbindungen zwischen den polaren CO- (Carbonyl-) und NH-(Amid-)Gruppen stabilisieren diese Spirale.

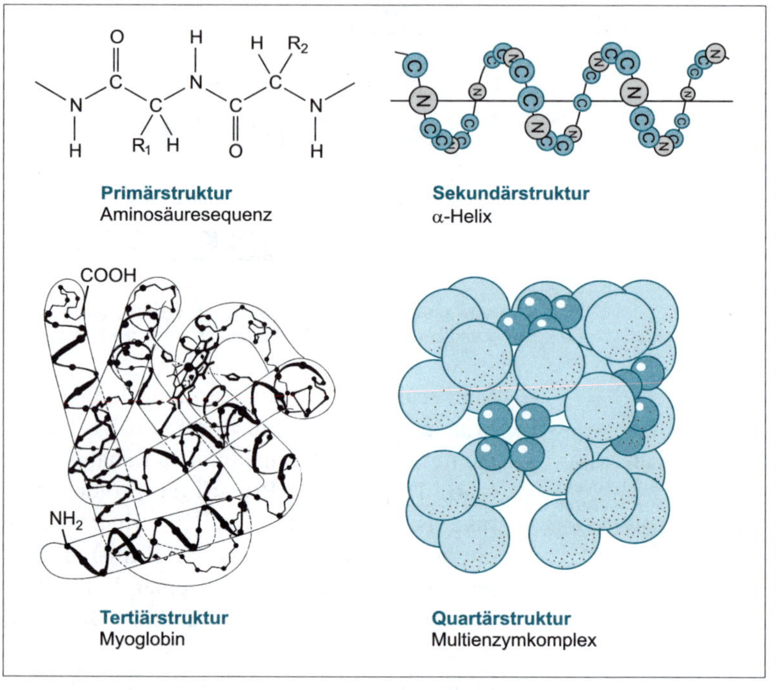

Abb. 5: Übersicht über die chemischen Strukturen der Proteine

Die **Tertiärstruktur** und die **Quartärstruktur** beschreiben der Sekundärstruktur übergeordnete Raumstrukturformen.

Daneben kennt man auch eine **Faltblattstruktur** (Beta-Struktur, z. B. beim Beta-Keratin) oder eine Tripelhelix (z. B. beim Tropokollagen der Knorpel).

Sekundärstrukturen können ihrerseits wieder übergeordnete Raumstrukturen einnehmen, man spricht dann von der **Tertiärstruktur**.

Auch für die Faltung zur Tertiärstruktur ist allein die Beschaffenheit der Primärstruktur verantwortlich. An Stellen mit zwei Cystein-Resten an benachbarten Aminosäuren ergibt sich z. B. die Möglichkeit einer Brückenbindung zwischen Schwefelatomen („Disulfidbrücke“).

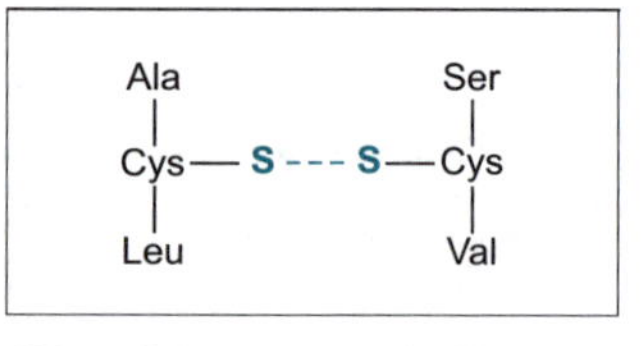

Abb. 6: Schema einer Disulfidbrücke

Darüber hinaus besteht eine Reihe anderer Möglichkeiten, mit denen benachbarte Aminosäuren mehr oder weniger fest aneinander gebunden werden können: Esterbindungen, Säureamidbindungen, Ionen- oder Kohäsionsbindungen. Sind bestimmte Proteine (z. B. Hämoglobin oder Multienzymkomplexe) aus mehreren makromolekularen Untereinheiten zusammengesetzt, handelt es sich um die sogenannte **Quartärstruktur** (Abb. 5).

In der Erbsubstanz (DNA) liegt lediglich die Information für die **Primärstruktur der Proteine** verschlüsselt vor. Es ist von eminenter Bedeutung, dass sich alle räumlichen Proteinstrukturen von selbst zusammenfinden (**„self assembly“**).

1.2 Nukleinsäuren – Speicher der genetischen Information

Die chemische Analyse der Inhaltsstoffe von Zellkernen führte schon 1869 zur Entdeckung von hochviskosen phosphorhaltigen Säuren, die man **Nukleinsäuren** nannte.

Nukleinsäuren kommen in zwei chemisch ähnlichen Varianten vor: als **Desoxyribonukleinsäure** (DNS oder **DNA**) und als **Ribonukleinsäure** (RNS oder **RNA**). Neben den Nukleinsäuren fand man in Zellkernen aber auch Proteine. Es war eine der zentralen Fragen der Biologie des 20. Jahrhunderts, welche dieser Stoffklassen – Eiweiß oder Nukleinsäuren – als Träger der Erbinformation fungiert.

O. AVERY bewies 1944, dass von den infrage kommenden Substanzen nur die DNA Erbinformationen enthält (**Transformationsexperiment**, Abb. 7). Für seine Versuche verwendete AVERY Pneumokokken. Ein Pneumokokken-Stamm mit Kohlenhydratkapsel, der auf Nährböden glatt wächst, wirkt bei Mäusen als Krankheitserreger einer tödlichen Lungenentzündung. Man bezeichnet ihn als pathogenen **S-Stamm**. Ein anderer Bakterienstamm, der harmlose **R-Stamm**, bildet keine Kapseln, wächst als raue Kolonie und ist nicht pathogen. Durch Zugabe von Extrakten des hitzegetöteten S-Stammes zu den lebenden R-Bakterien konnte F. GRIFFITH bereits 1928 erreichen, dass der R-Stamm alle Eigenschaften des S-Stammes aufwies: glattes Wachstum, Besitz einer Kohlenhydratkapsel und krankheitserregende Wirkung. Offenbar wurde zumindest ein Teil des R-Stamms in den S-Stamm umgeformt, transformiert.

AVERY stellte in seinen weiterführenden Versuchen aus dem S-Stamm einen zellfreien Extrakt her, der nach chemischer Reinigung nur noch Nukleinsäuren (DNA und RNA) sowie Proteine enthielt, aber immer

Nukleinsäure: lat. *nucleus* Kern

DNA: Die englische Abkürzung für DNS; der Buchstabe A steht für engl. *acid* Säure.

OSWALD AVERY: Der amerikanische Chemiker und seine Mitarbeiter wiesen 1944 die DNA als Trägerstoff der Erbinformation nach.

Pneumokokken sind die bakteriellen Erreger der Lungenentzündung.

Transformation: Übertragung von Genen in eine Bakterienzelle in Form von isolierter DNA
→ siehe S. 33 f.

FREDERICK GRIFFITH: Englischer Bakteriologe, der 1928 nachwies, dass genetisches Material zwischen zwei Bakterienzellen übertragen werden kann

noch die Fähigkeit zur Transformation besaß. Zu drei verschiedenen Ansätzen des Extraktes gab AVERY je ein spezielles abbauendes Enzym: Protease zum Abbau von Protein, RNase zum Abbau von RNA und DNase zum Abbau von DNA. Nur bei Zugabe von DNase verlor der Extrakt seine transformierende Wirkung, RNase und Protease beeinträchtigten die Transformation hingegen nicht. Damit war die DNA als Trägerin der Erbinformation nachgewiesen.

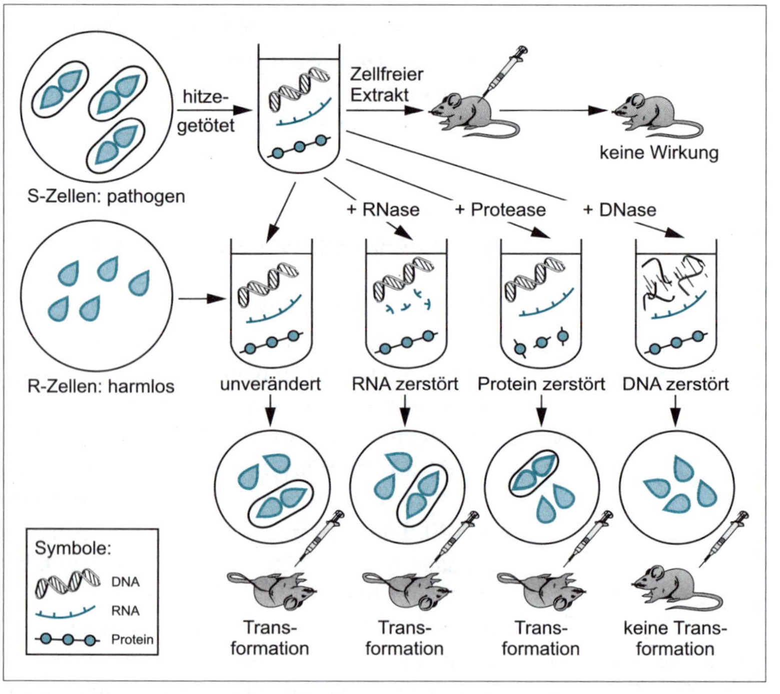

Abb. 7: Versuchsablauf der Experimente von AVERY

Bakteriophagen bedeutet „Bakterienfresser". → siehe S. 30 f.

Beobachtungen an **Phagen** bestätigten diese Ergebnisse. Phagen sind Viren, die sich in Bakterien vermehren. Sie bestehen, wie alle Viren, aus einer Nukleinsäure (DNA oder RNA) und einer Proteinhülle. Sie besitzen keinen eigenen Stoffwechsel, sondern sind zur Vermehrung stets auf Bakterien angewiesen. Phagen heften sich an die Oberfläche von Bakterien und veranlassen über eine Reihe von Vorgängen die Auflösung des infizierten Bakteriums. Dabei werden Hunderte von neuen Phagen freigesetzt. Durch Experimente unter Anwendung von radioaktiv markierten Substanzen konnte gezeigt werden, dass nur die Nukleinsäure (DNA) des Phagen ins Bakterium eindringt. Sie muss folglich die gesamte Information für die Bildung neuer Phagen enthalten.

Durch ihre **Markierungsexperimente** konnten **ALFRED HERSHEY** und **MARTHA CHASE** 1952 bestätigen, dass die Erbinformation in der DNA enthalten ist.

Erwin Chargaff analysierte 1951 die Basenzusammensetzung der DNA und ermöglichte damit erst die Ermittlung ihrer Struktur.

Eine **hydrolytische Spaltung** ist eine Abbaureaktion mit Wasser als Reaktionspartner.

Wie Nukleinsäuren aufgebaut sind

Zerlegt man Nukleinsäuren durch hydrolytische Spaltung, erhält man die folgenden Einzelbausteine: Zucker, Phosphorsäure sowie organische Basen (Abb. 8).

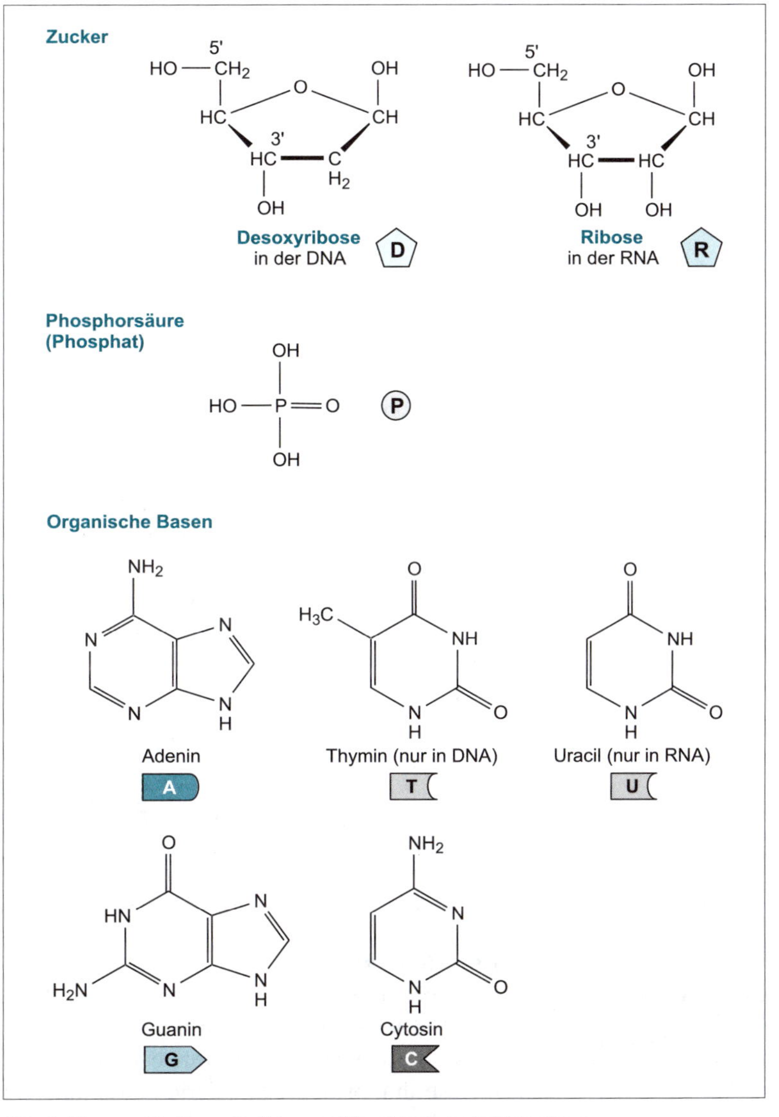

Abb. 8: Die verschiedenen Stoffklassen (Bausteine) der Nukleinsäuren

Die Phosphatgruppe ist in Wasser gut löslich und wird deshalb als **hydrophil** bezeichnet.

dAMP ist die Abkürzung für Desoxy-Adenosinmonophosphat.

Bei enzymatischer Zerlegung von Nukleinsäuren erhält man Spaltprodukte, die aus je einer Phosphatgruppe, einem Zuckermolekül und einer der fünf Basen bestehen. Diese Spaltprodukte heißen **Nukleotide**. In Abb. 9 ist beispielhaft dAMP dargestellt.

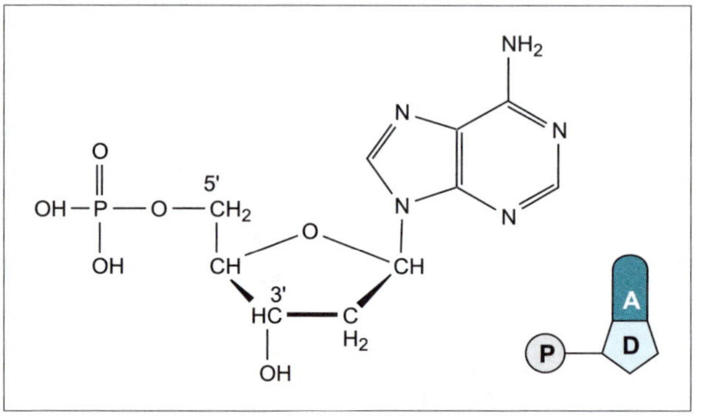

Abb. 9: Chemische Formel bzw. Schemadarstellung des Nukleotids Desoxy-Adenosinmonophosphat

Ein entsprechendes Molekül, das nur aus dem Zucker und einer der Basen besteht, heißt **Nukleosid**.

Wird eine Nukleinsäure durch Hydrolyse vollständig abgebaut, ergibt sich für den Gehalt an Zucker und Phosphorsäure stets ein 1:1-Verhältnis. Man schloss u. a. aus diesem Befund, dass das Grundgerüst von Nukleinsäuren aus einer Kette stets alternierender Zucker-Phosphat-Moleküle besteht, wobei die Phosphorsäure jeweils mit dem 3. und 5. Kohlenstoffatom des Zuckers (dem 3'- und dem 5'-Ende) verbunden ist (Abb. 10).

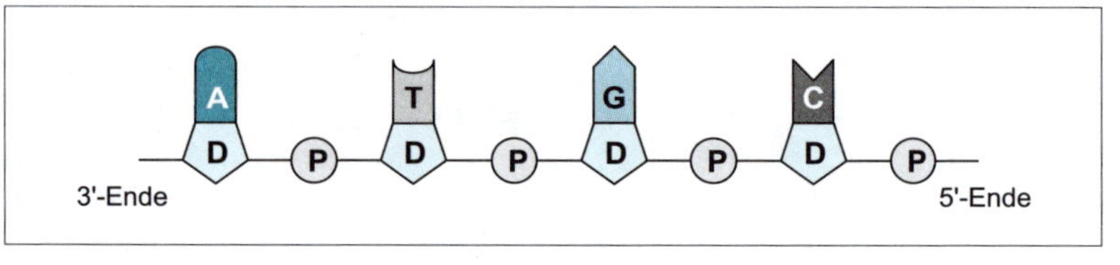

Abb. 10: Symbolische Darstellung der Formel eines DNA-Einzelstranges

Die DNA-Doppelhelix

JAMES WATSON und FRANCIS CRICK wurde 1962 für die Entwicklung des DNA-Modells der Nobelpreis verliehen.

Im Jahre 1953 gelang es zwei jungen Wissenschaftlern, J. WATSON und F. CRICK, die Raumstruktur der DNA aufzuklären. Sie konnten sich vor allem auf zwei Befunde stützen:

- Bestrahlt man kristallisierte DNA mit Röntgenstrahlen (Röntgenstrukturanalyse), dann erhält man Beugungsbilder, die auf eine DNA-Struktur als doppelte Schraube **(Doppelhelix)** schließen lassen.

- Bestimmt man quantitativ das molare Verhältnis der Basen zueinander, stellt man stets gleiche molare Anteile an Thymin und Adenin bzw. an Guanin und Cytosin fest.

Nach WATSON und CRICK besteht die DNA aus einer Doppelschraube (Abb. 12), die man mit einer gewundenen Leiter vergleichen könnte, deren Holme aus zwei Desoxyribose-Phosphat-Ketten bestehen und deren Sprossen durch die Basen gebildet werden. Aufgrund ihrer räumlichen Struktur können sich nur Adenin und Thymin bzw. Guanin und Cytosin über sogenannte **Wasserstoffbrückenbindungen** zu Basenpaaren verbinden (Abb. 11). Zwischen A und T bilden sich zwei, zwischen C und G drei Wasserstoffbrückenbindungen aus. Am Ende eines Doppelstranges weist stets einer der beiden Einzelstränge an seinem 5'-Ende eine Phosphatgruppe auf, während der andere Strang, an seinem 3'-Ende, eine OH-Gruppe (Hydroxylgruppe) trägt. Dies lässt auf eine gegenläufige Polarität der beiden DNA-Einzelstränge schließen. Die hydrophilen Phosphatgruppen bedingen den sauren Charakter der DNA, sie sind im Zellkern durch **Histone** neutralisiert.

Wasserstoffbrückenbindungen werden durch Anziehung zwischen stark positiv polarisierten Wasserstoffatomen und stark negativ polarisierten Atomen benachbarter Moleküle gebildet.

Histone sind basische Proteine im Zellkern von Eukaryoten.

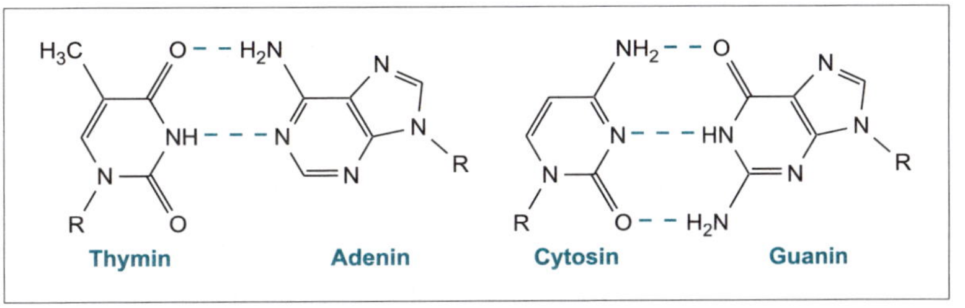

Abb. 11: Komplementäre Basenpaarung zwischen Thymin und Adenin mit zwei bzw. zwischen Cytosin und Guanin mit drei Wasserstoffbrückenbindungen

Wichtig für die Erfüllung der Aufgaben der DNA ist die Tatsache, dass die Basensequenz des einen Stranges zur Basenfolge des anderen Stranges **komplementär** ist. Die Basenfolge eines der beiden Stränge verschlüsselt, einer Schrift ähnlich, die gesamte genetische Information, die für die Entwicklung und Funktionalität eines Lebewesens benötigt wird. Die Information wird letztlich in Eiweiß (Protein) übersetzt, das dann als Enzym- oder Struktureiweiß erkennbare Merkmale entstehen lässt.

Komplementär bedeutet ursprünglich „sich ergänzend". In der DNA-Doppelhelix sind die beiden einander gegenüberliegenden DNA-Einzelstränge komplementär.

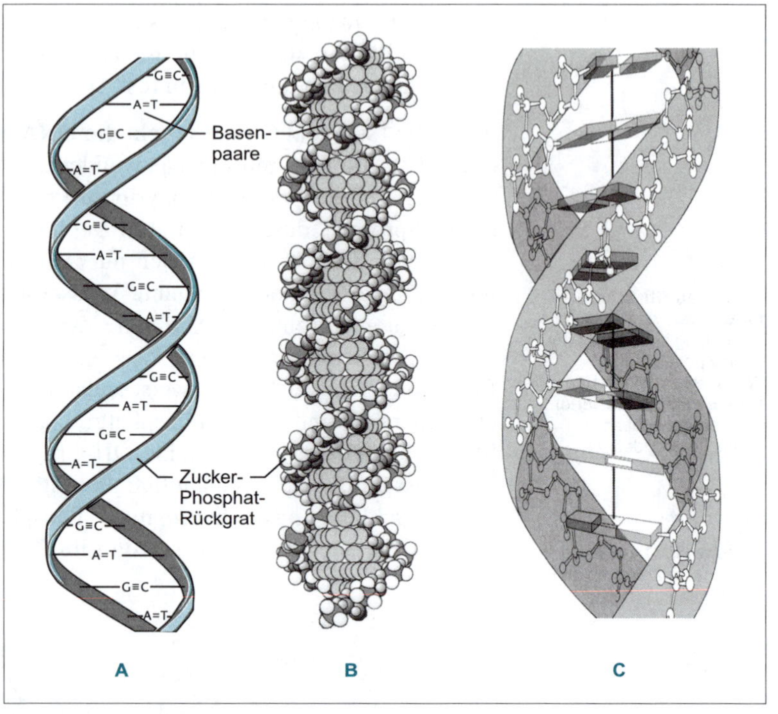

Abb. 12: DNA-Doppelhelix in drei verschiedenen Darstellungen

Struktur der RNA

Auch Ribonukleinsäuren (RNA) sind aus einzelnen Nukleotiden aufgebaut, ähnlich einem DNA-Einzelstrang. Wie in der DNA kommen in der RNA ebenfalls die Basen Adenin, Guanin und Cytosin vor, an die Stelle von Thymin tritt jedoch die Base **Uracil**, die – wie Thymin – eine Paarung mit Adenin eingeht. Außerdem enthält RNA den Zucker **Ribose** anstelle von Desoxyribose.
RNA tritt grundsätzlich nie in Gestalt einer Doppelhelix auf, sondern stets als Einzelstrang, der gegebenenfalls stark gefaltet sein kann.

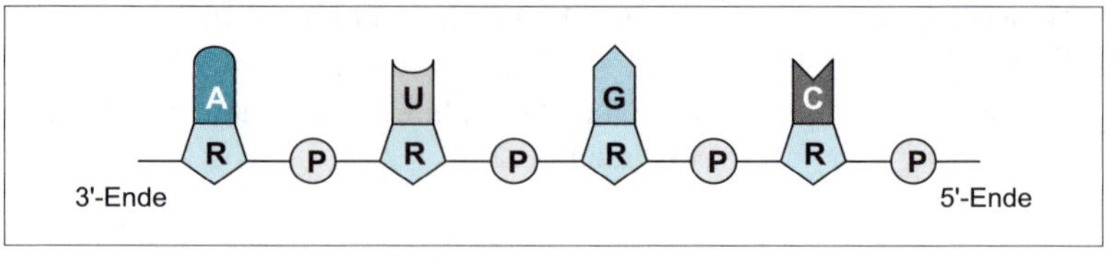

Abb. 13: Symbolische Darstellung eines RNA-Stranges

RNA-Arten
→ siehe S. 39 f.

Durch die Entdeckung verschiedener RNA-Arten in Zellkernen und im Plasma von Zellen wurde eine Benennung nach ihrer Funktion oder nach ihrem Vorkommen eingeführt.

Nukleinsäuren sind polymere Moleküle mit saurem Charakter, die in den Kernen eukaryoter Zellen sowie in Prokaryoten, Viren und Phagen vorkommen. Sie bestehen aus einzelnen Nukleotiden, die sich jeweils aus Base, Zucker und Phosphorsäure zusammensetzen. Nukleinsäuren sind die Träger der genetischen Information und dienen u. a. auch als Signalüberträger bei der Synthese von Proteinen.

1.3 Wie sich die DNA vervielfältigen kann

Replikation: lat. *replicare* nachbilden

Jede Zelle eines vielzelligen Organismus enthält trotz vieler vorausgegangener Zell- und Kernteilungen die gesamte genetische Information für das Lebewesen. Daraus lässt sich folgern, dass es einen Kopiervorgang geben muss, der vor jeder Kernteilung eine identische Kopie der DNA erstellt. Dieser Vorgang der identischen Verdopplung wird als **Replikation** oder **Reduplikation** bezeichnet. Das DNA-Modell von WATSON und CRICK bietet dafür eine verblüffend einfache Modellvorstellung: Dazu bedarf es lediglich einer Öffnung des DNA-Doppelstranges wie bei einem Reißverschluss. An die so freiwerdenden Basen könnten sich nach dem Prinzip der komplementären Paarung einzelne Nukleotide anlagern, die anschließend miteinander verknüpft werden.

Replikationsmechanismus

Als Mechanismus für die Replikation wurden zunächst drei verschiedene Denkmodelle diskutiert, die Hypothesen vom dispersiven, vom konservativen und vom semikonservativen Mechanismus (Abb. 14).

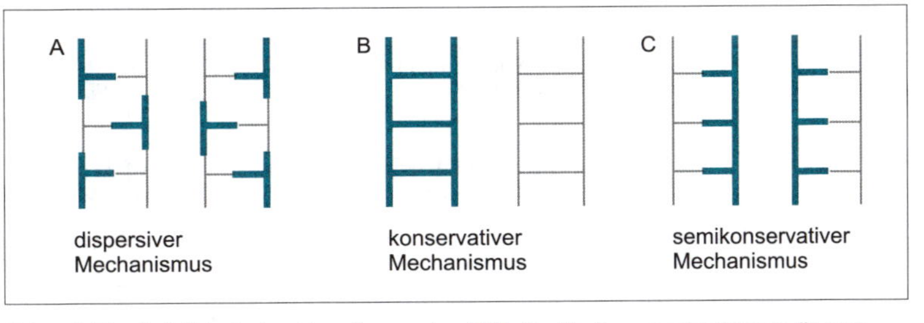

Abb. 14: Die drei diskutierten Hypothesen des DNA-Replikationsmechanismus; die neu synthetisierte DNA ist farbig dargestellt.

Matthew Meselson und **Franklin Stahl** zeigten 1958, dass die DNA semikonservativ repliziert wird.

Isotope: Atome desselben Elements mit unterschiedlicher Massenzahl

Bei der **Dichtegradientenzentrifugation** wird eine konzentrierte Caesiumchlorid-Lösung mit einer Probe bei hoher Geschwindigkeit rotiert. Dabei trennt sich das Probengemisch entsprechend der Dichte seiner Bestandteile auf.

Absorption: lat. *absorbere* verschlingen

Um den korrekten Mechanismus herauszufinden, ließen die amerikanischen Genetiker M. Meselson und F. Stahl Zellen des Bakteriums *Escherichia coli* über mehrere Generationen in einem Medium mit der Stickstoffquelle Ammoniumchlorid (NH_4Cl) wachsen, die anstatt des normalen ^{14}N-Stickstoffs ausschließlich das schwere ^{15}N-Isotop enthielt. Bei der DNA-Replikation konnten die Bakterien folglich nur das schwere Stickstoffisotop in ihre Basen einbauen. Diese Bakterien mit ^{15}N-DNA wurden anschließend in normalem ^{14}N-Medium weiter vermehrt. In bestimmten Zeitabständen wurden daraus Proben entnommen und die isolierte DNA im Dichtegradienten zentrifugiert. Durch die Dichtegradientenzentrifugation kann schwere DNA (^{15}N-DNA) und leichtere DNA (^{14}N-DNA) voneinander unterschieden werden.
Um die Lage der DNA-Banden in den Zentrifugengefäßen bestimmen zu können, wurden die Röhrchen anschließend mit UV-Licht bestrahlt. Da die DNA UV-Licht absorbiert, war es möglich, die Position der Absorptionsbanden der Proben-DNA mit der Lage der Banden aus reiner ^{14}N-DNA und ^{15}N-DNA zu vergleichen. Ablauf und Ergebnis des Versuchs sind in Abb. 15 dargestellt.

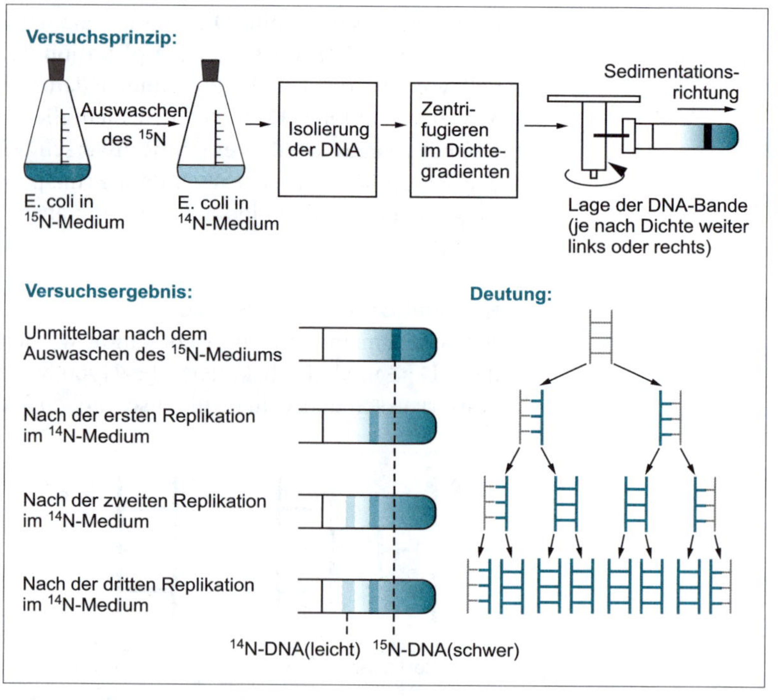

Abb. 15: Ergebnis und Deutung des Meselson-Stahl-Experiments: Links unten sind die Reagenzgläser mit der Lage der Absorptionsbanden zu sehen, die man nach dem Zentrifugieren im Dichtegradienten erhält. Rechts ist die Deutung der Ergebnisse schematisiert.

Mit diesem Versuch konnte der **semikonservative Mechanismus** als DNA-Replikationsmechanismus nachgewiesen werden.

Ablauf der Replikation

Zunächst öffnen sich die Wasserstoffbrückenbindungen zwischen den Basen der DNA. Zuständig dafür ist ein Enzym, das eine reißverschlussartige Öffnung des Doppelstranges ermöglicht. An die geöffneten DNA-Stränge, die Replikationsgabel, können sich dann nach dem Prinzip der komplementären Basenpaarung einzelne Nukleotide anlagern, die dann unter einem energieverbrauchenden Prozess zu einem Komplementärstrang verknüpft werden. An ein freigewordenes Nukleotid mit der Base Adenin kann sich nur wieder Thymin anlagern, an Guanin nur Cytosin usw. Auf diese Weise ist sichergestellt, dass die neugebildete DNA der ursprünglichen Doppelhelix genau gleicht.
Die Nukleotidbausteine, die in der Zelle aus anderen Stoffwechselvorgängen vorrätig sind, bestehen aus einem Molekül Desoxyribose, aus einer der vier Basen und aus drei Molekülen Phosphorsäure. Man bezeichnet sie deshalb als Nukleosidtriphosphate (Abb. 16).

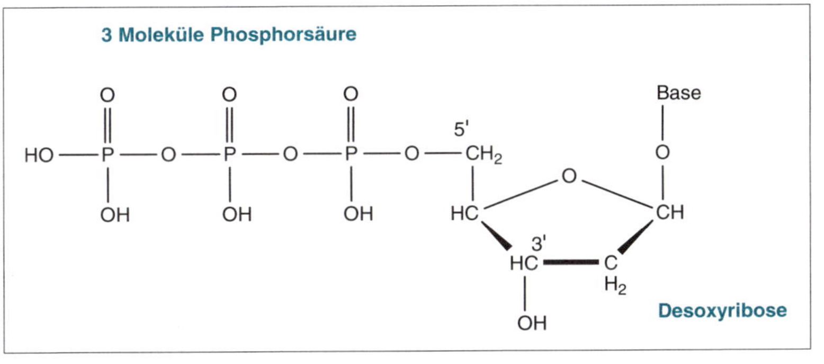

Abb. 16: Allgemeine Formel eines Desoxynukleosidtriphosphates

Beim Aufbau einer neuen DNA aus den Nukleosidtriphosphatmolekülen werden überzählige Phosphorsäuremoleküle frei. Diese werden zwar nicht für den molekularen Bau der DNA gebraucht, liefern aber Energie, die für die energieverbrauchende Verknüpfung der Bausteine verwendet werden kann.
Die Replikation kann bei verschiedenen Organismen unterschiedlich verlaufen. Bei Prokaryoten beginnt die Replikation an einer festen Stelle, der ORI-Region (Abb. 17). Von hier erfolgt die Replikation der ringförmigen DNA in beide Richtungen gleich schnell. Bei *E. coli* werden in der Sekunde etwa 1 400 Nukleotide an einen Einzelstrang der DNA angelagert.

ORI: Abkürzung für engl. ***o**rigin of **r**ep**l**ication*

S-Phase → siehe Mitose S. 67 f.

Chromosom → siehe S. 66 ff.

Bei Eukaryoten (Abb. 19) läuft die Replikation wesentlich langsamer ab (40–50 Nukleotide pro Sekunde) und beginnt in der S-Phase des Zellzyklus an vielen Öffnungspunkten (Replikons) des Chromosoms gleichzeitig und setzt sich von jedem dieser Punkte nach beiden Seiten hin fort, bis benachbarte Replikons zusammentreffen.

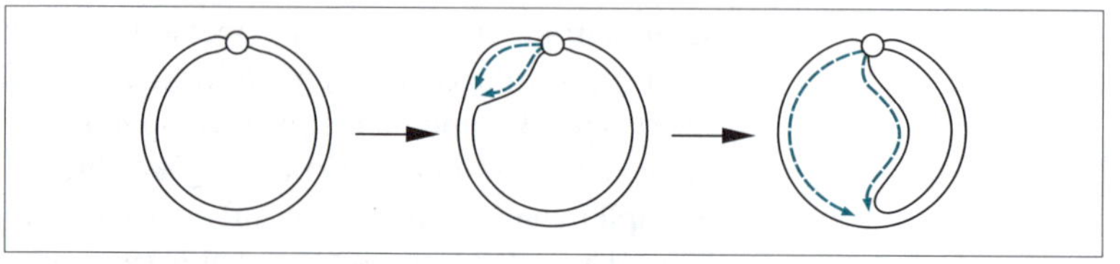

Abb. 17: DNA-Replikation einer ringförmigen Bakterien-DNA; die Replikation beginnt an einer vordefinierten Stelle, der ORI-Region, und setzt sich nach beiden Seiten hin fort.

Da bei der Replikation Nukleotide nur an das 3'-OH-Ende des neu synthetisierten Stranges angeheftet werden können, erfolgt die Neuanknüpfung grundsätzlich nur in 5'→ 3'-Richtung. Eine kontinuierliche Replikation ist daher nur an einem Strang der DNA möglich, dem sogenannten „führenden Strang" (Abb. 18).

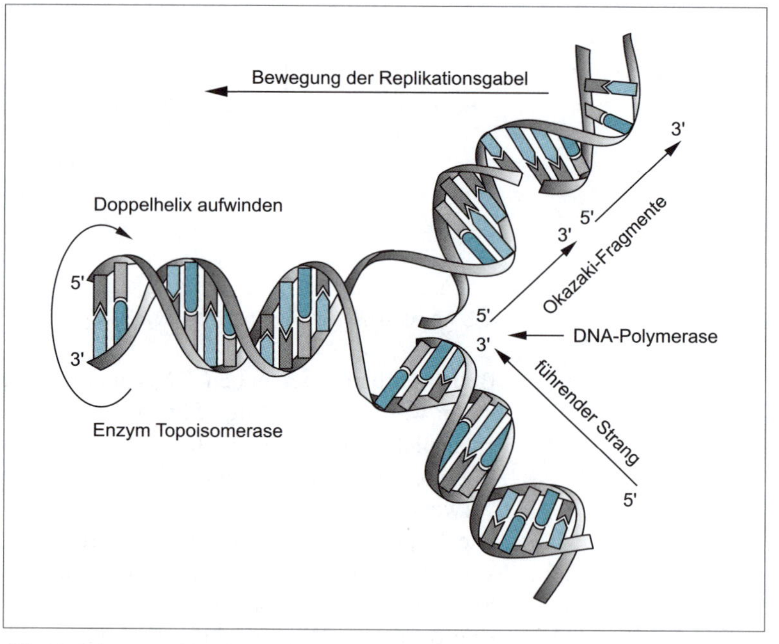

Abb. 18: Schema zur Replikation der DNA-Doppelhelix

Am anderen, komplementären Strang (dem „nachfolgenden Strang") können neue Nukleotide nur in einzelnen Abschnitten (Okazaki-Fragmente) angeheftet werden. Für den Start der Replikation ist jeweils ein kurzes Stück RNA als Starthilfe (Primer) notwendig. Die Primer werden im Verlauf der Replikation entfernt und die entstandenen Lücken mit DNA gefüllt. Falls während der Replikation Fehler unterlaufen, werden diese durch einen sogenannten Proof-Reading-Mechanismus korrigiert, indem falsch eingebaute Basen korrekt ersetzt werden.

Replikationsfehler
→ siehe Auslösung von Mutationen S. 52 ff.

Der gesamte Replikationsvorgang wird durch zahlreiche Enzyme gesteuert, allein bei *E. coli* sind 20 verschiedene Enzyme daran beteiligt. Einige wichtige Beispiele sind:

Polymerase: gr. *polys* viele, *meros* Teil

- **DNA-Polymerasen** sind z. B. für die Anlagerung der Nukleotide an die freigewordenen Wasserstoffbrückenbindungen der ursprünglichen DNA (immer nur vom 5'- zum 3'-Ende) verantwortlich. Auch die Verknüpfung der einzelnen Nukleotide katalysieren DNA-Polymerasen.
- **Topoisomerasen und Helicasen** entwinden die bei der Öffnung der Doppelhelix zunehmend verdrillte DNA.
- **Primasen** sind für die Bildung des RNA-Primers zuständig.
- **Ligasen** verknüpfen größere neusynthetisierte DNA-Teilstücke (die Okazaki-Fragmente) zu einem kompletten Kettenmolekül.

Ligase: lat. *ligare* binden

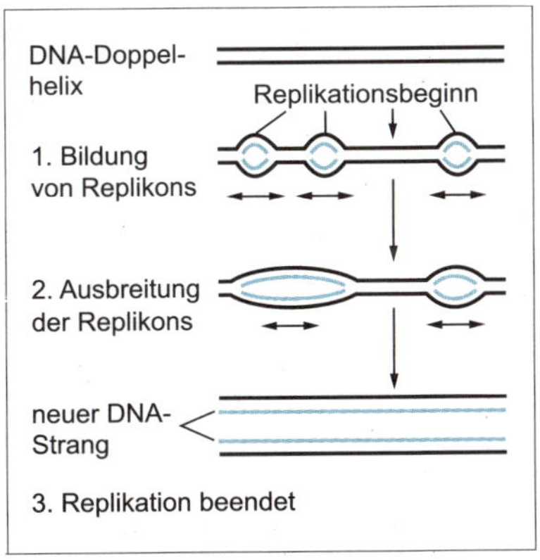

Abb. 19: Die Replikation bei Eukaryoten beginnt an mehreren Stellen, den sogenannten Replikons, zugleich.

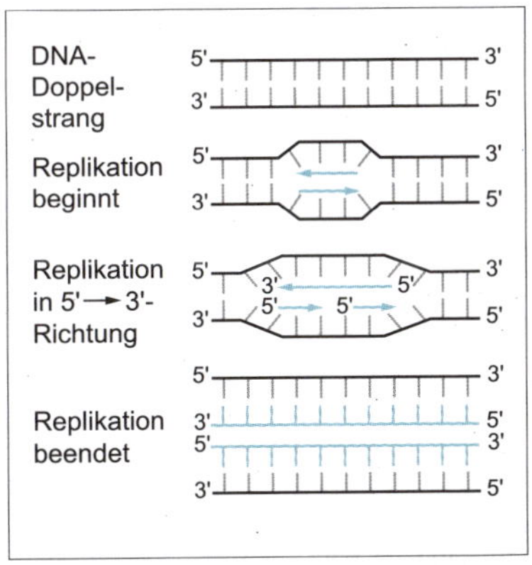

Abb. 20: Die Replikation kann nur in 5'→3'-Richtung verlaufen (neu entstehender Strang).

2 Was ist ein Gen?

Wilhelm Johannsen war ein dänischer Botaniker und Genetiker.

Der Begriff „Gen“ für einen Erbfaktor wurde erstmals 1909 von W. Johannsen verwendet. Was aber verstand man damals unter einem Gen? G. Mendel spricht in seiner Arbeit aus dem Jahr 1866 noch von **„Elementen“** oder **„Faktoren“**. T. Morgan stellte sich aufgrund seiner Untersuchungen an der Taufliege *Drosophila* Gene als **Kugeln** vor, die perlschnurartig an den Chromosomen aufgereiht sind. Aus heutiger Sicht sind diese Vorstellungen nicht mehr haltbar.

2.1 Genwirkkette

George Beadle und **Edward Tatum** erhielten für ihre umfangreichen Untersuchungen an *Neurospora crassa* 1958 den Nobelpreis.

Ähnliche Versuche führten **Alfred Kühn** und **Adolf Butenandt** an der Mehlmotte durch. Sie untersuchten dabei die Stoffwechselschritte von Tryptophan über Kynurenin zum Augenfarbstoff Ommochrom.

Der normale Wildtyp des Schimmelpilzes *Neurospora crassa* ist – wie viele Organismen – in der Lage, die Aminosäure Tryptophan über verschiedene Zwischenstufen zu Nikotinsäure umzubauen. Jeder einzelne Stoffwechselschritt dazu wird durch ein eigenes Enzym (E1 bis E4) katalysiert (Abb. 21).

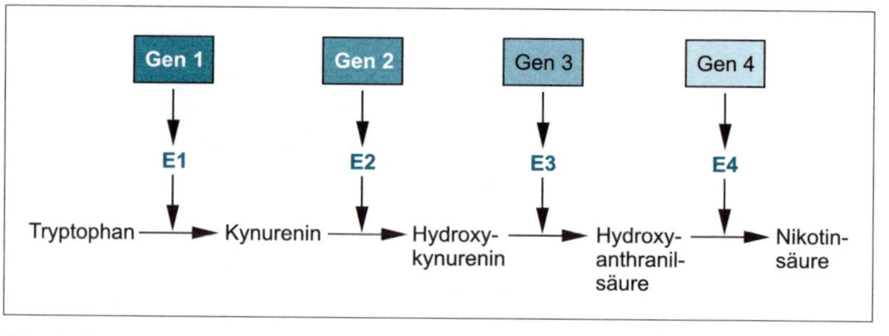

Abb. 21: Die vier Stoffwechselschritte für die Umwandlung von Tryptophan in Nikotinsäure

Mangelmutanten sind Mutanten, die die Fähigkeit zur Synthese einer bestimmten Substanz verloren haben.

Es gibt jedoch verschiedene Mutanten dieses Pilzes, die ihre Fähigkeit zur Bildung der Nikotinsäure verloren haben (sogenannte **Mangelmutanten**). Sie wachsen nur, wenn man ihnen Nikotinsäure von außen zuführt. Zunächst könnte man vermuten, dass bei allen diesen Mutanten der gleiche Stoffwechselfehler vorliegt. Es hat sich jedoch gezeigt, dass bei den Mangelmutanten zwar stets das Endprodukt Nikotinsäure fehlt, dass sich aber jeweils unterschiedliche Zwischenprodukte anhäufen, die Bestandteile des Synthesewegs der Nikotinsäure sind: Eine Mutante weist z. B. vermehrt Hydroxykynurenin auf, eine andere größere Mengen von Hydroxyanthranilsäure.

Genwirkkette: Für eine bestimmte chemische Umsetzung ist eine Reihe von hintereinander geschalteten Genen notwendig.

Genetischer Block: Durch ein mutiertes Gen verursachter Stoffwechselblock

Man schloss daraus, dass den einzelnen Mangelmutanten jeweils unterschiedliche Enzyme fehlen, in den beiden genannten Beispielen E3 oder E4 (Abb. 21). Für die Umwandlung in das Endprodukt sind also die Produkte mehrerer hintereinander geschalteter Gene verantwortlich **(Genwirkkette)**.
Den verschiedenen Enzymausfällen liegen Mutationen in unterschiedlichen Genen zugrunde: Infolge der Genmutation wird das entsprechende Enzym nicht gebildet und ein bestimmter Zwischenstoff kann nicht abgebaut werden. Während sich das Zwischenprodukt anhäuft, fehlt letztlich immer dasselbe Endprodukt. Es liegt in diesen Fällen jeweils ein bestimmter Stoffwechselblock **(genetischer Block)** vor.

2.2 Genmutationen beim Menschen

Autosomal-rezessiv vererbte Krankheiten → siehe S. 120

Stoffwechselblocks kennt man auch beim Menschen. Zahlreiche Beispiele dafür sind autosomal-rezessiv vererbte Krankheiten.

Als **Monosaccharid** bezeichnet man Einfachzucker.

Galaktosämie

Mit der Milch nimmt man auch Milchzucker (Lactose) zu sich. Lactose enthält das Monosaccharid Galactose, das beim Gesunden als Galactose-1-phosphat über zwei Enzyme in Glucose-1-phosphat umgewandelt wird (Abb. 22). Bei Galactosämie-Kranken wird durch einen Defekt auf dem Chromosom 9 das Enzym Galactose-1-phosphat-Uridyltransferase (GALT) nicht gebildet. Somit ist der Umbau von Galactose in Glucose blockiert, es kommt zur toxischen Anreicherung der Galactose in verschiedenen Organen. Unberücksichtigt führt die Erkrankung zu schweren Schäden oder dem Tod des Patienten.

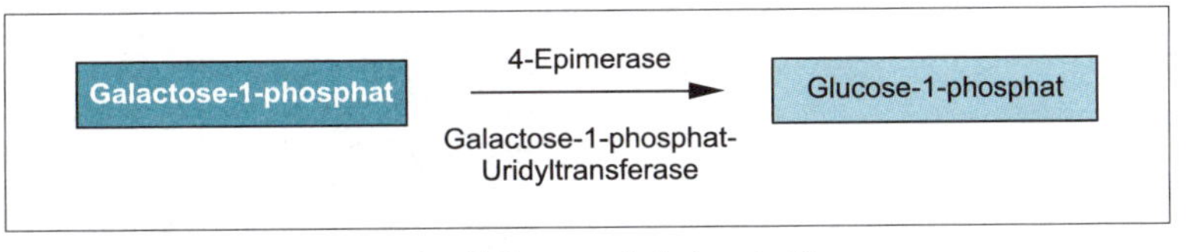

Abb. 22: Zwei Enzyme steuern den Umbau von Galactose in Glucose.

Heterozygot: mischerbig Erklärung des Begriffs → siehe S. 91 ff.

Heterozygotentest: Test einer Person auf das heterozygote Vorliegen von rezessiven Genen → siehe auch S. 120

Glücklicherweise kann man die Galactosämie frühzeitig durch einen Bluttest bei Neugeborenen bzw. durch einen Urintest wenige Tage alter Säuglinge nachweisen. Wird sofort mit einer galactosefreien Diät begonnen, kann das Kind vor Schäden bewahrt werden.
Bei den (gesunden) Eltern von Galactosämie-Kindern lässt sich der heterozygote Zustand über einen **Heterozygotentest** feststellen.

Phenylketonurie (PKU)

Die Aminosäure Phenylalanin, die mit dem Eiweiß der Nahrung in den Körper gelangt, wird bei gesunden Menschen über das Enzym Phenylalaninhydroxylase zur Aminosäure Tyrosin abgebaut.

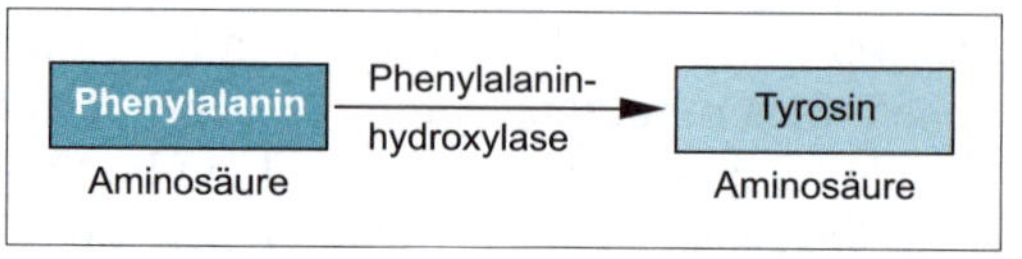

Abb. 23: Ausschnitt aus dem Aminosäurestoffwechsel.

Bei PKU-Patienten, die dieses Enzym nicht besitzen, häuft sich Phenylalanin an und wird im Stoffwechsel ersatzweise zu Phenylbrenztraubensäure umgebaut. Der hohe Gehalt an Phenylalanin und Phenylbrenztraubensäure im Blut verhindert die Ausreifung des Nervensystems und hat geistige Behinderung zur Folge.

Der Enzymmangel kann bereits bei Neugeborenen erkannt werden. Gegebenenfalls kann durch Verabreichen einer phenylalaninarmen Diätkost von den ersten Lebenstagen an die Schädigung verhindert werden. Die Diät muss etwa 10 Jahre lang konsequent eingehalten werden und kann dann gelockert werden.

Sichelzellanämie

In bestimmten Gebieten Indiens und Zentralafrikas tritt gehäuft eine besondere Blutkrankheit, die Sichelzellanämie, auf. Ihren Namen erhielt sie aufgrund der Deformation der Blutkörperchen zu einer sichelähnlichen Form. Diese veränderten Zellen führen zum Verschluss kleiner Blutgefäße und bedingen schwere Durchblutungsstörungen.

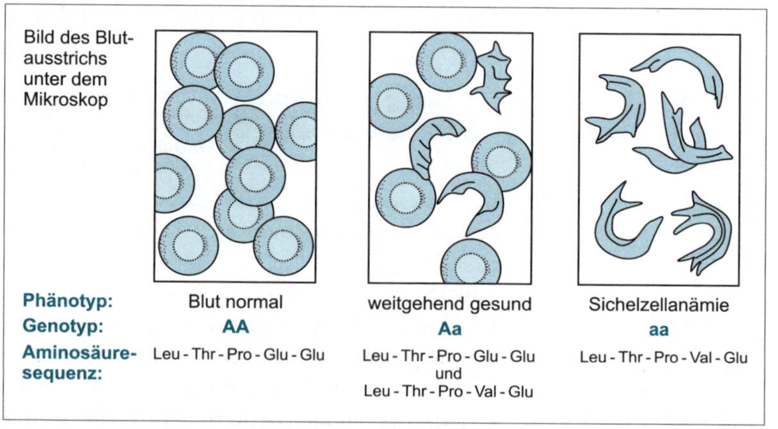

Abb. 24: Vergleich der Blutausstriche von Gesunden mit Heterozygoten und Sichelzellanämiekranken; darunter ist ein Teil der Aminosäuresequenz (Positionen 3 bis 7) in der β-Kette des Hämoglobins angegeben.

Ursache für die Sichelzellanämie ist eine veränderte Hämoglobinstruktur. Hämoglobin besteht aus vier Proteinketten (zwei α-Ketten, zwei β-Ketten). Beim Sichelzellhämoglobin ist in jeder β-Kette eine einzige der 146 Aminosäuren fehlerhaft (Abb. 24).

Selektion bedeutet die natürliche Auslese von Individuen durch die Umwelt.

Heterozygote Personen mit dem Sichel-Hämoglobin sind weniger anfällig gegen Malaria und haben daher in den Verbreitungsgebieten der Malaria einen Selektionsvorteil gegenüber Gesunden.

2.3 Die Ein-Gen-ein-Polypeptid-Hypothese

Die oben angeführten Beispiele zeigen, dass Gene stets die Information zur Bildung von bestimmten Eiweißen enthalten. Man spricht deshalb bei diesem Zusammenhang zwischen Gen und Protein von der **Ein-Gen-ein-Polypeptid-Hypothese**. Was G. MENDEL noch als „Faktor" und T. MORGAN noch als Funktionseinheit eines Chromosoms auffassten, müssten wir nun als einen **umgrenzten Bereich auf der DNA** betrachten. Ein solches Gen, ein bestimmter DNA-Abschnitt, wird gelegentlich auch als **Cistron** bezeichnet.

Ein-Gen-ein-Polypeptid-Hypothese: Diese Hypothese geht davon aus, dass ein Gen ein Abschnitt auf der DNA ist, der ein bestimmtes Polypeptid codiert.

Auch dieser Versuch, den Genbegriff zu definieren, hält einer genaueren Überprüfung nicht stand: So weiß man heute, dass es auch Gene gibt, die nicht aus einzelnen, zusammenhängenden DNA-Abschnitten bestehen, sondern sich aus vielen kleinen Stücken zusammensetzen oder verschiedene Aufgaben haben. Man unterscheidet z. B. **Struktur-** und **Regulatorgene, springende Gene**, die wechselnde Plätze im Gesamtgenom einnehmen können, sowie **überlappende Gene**, d. h. Gene, bei denen dieselbe Basensequenz je nach Ablese-Startpunkt verschiedene Bedeutung haben kann. Dazu kommt, dass sich zwischen den DNA-Sequenzen, die ein Polypeptid codieren **(Exons)**, auch Sequenzen ohne Informationsgehalt **(Introns)** befinden. Zumindest handelt es sich dabei nicht um Informationen, die in Protein umgesetzt werden.

Strukturgene
→ siehe S. 47 ff.

Springende Gene
→ siehe S. 38

Der Begriff **„Gen"** ist wegen seiner vielfältigen Aspekte nicht exakt definierbar. Die meisten Wissenschaftler sind sich einig, dass sie unter einem **Gen** ein **dynamisches Konzept** verstehen, das Entwicklungen und Veränderungen erlaubt.

3 Vermehrung und Genaustausch bei Prokaryoten und Viren

3.1 Wie man mit Bakterien und Viren arbeitet

Bakterien eignen sich besonders gut für molekulargenetische Untersuchungen. Das hat seinen Grund in der einfachen Organisation dieser Lebewesen: Als Prokaryoten besitzen sie keinen Zellkern, ihre DNA liegt frei im Plasma, und die komplizierten Verteilungsmechanismen bei der Meiose (S. 71) sind für sie nicht notwendig. Da sie eine hohe Vermehrungsrate aufweisen und große Individuenzahlen auf engstem Raum bilden können, lässt sich mit diesen Mikroorganismen zeitsparend und effizient arbeiten.
Sehr häufig wird dafür das Bakterium *Escherichia coli* verwendet. Es handelt sich dabei um einen typischen Vertreter der menschlichen Darmflora, der bei entsprechender Handhabung ungefährlich ist. Eine *E.-coli*-Zelle hat eine Gesamtlänge von etwa 2 µm und teilt sich bei 37 °C etwa alle 20 min.

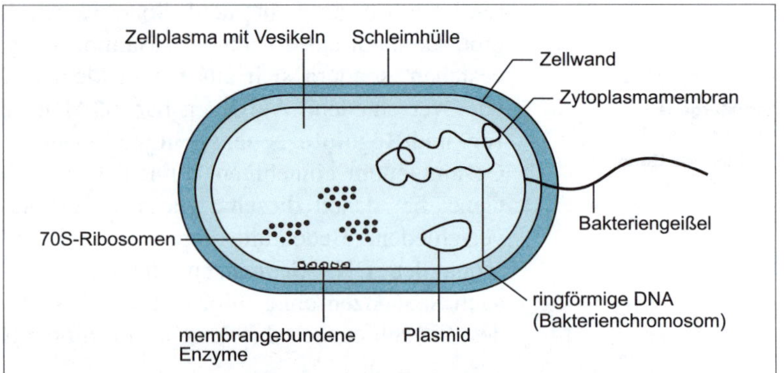

Abb. 25: Schematischer Bau einer Bakterienzelle. Die DNA ist ringförmig geschlossen und an einer Stelle an der Zellmembran angeheftet. Geißeln und Schleimhülle können auch fehlen.

Die **Nährböden** enthalten die gelatineähnliche Substanz Agar-Agar, die zusammen mit Nährstoffen und Mineralsalzen in Petri-Schalen gegossen wird.

Nährlösungen enthalten kein Agar, aber ebenfalls Nährstoffe und Salze wie Nährböden.

Anzucht von Bakterien

Bakterien können auf Nährböden oder in Nährlösungen gezüchtet werden. Auf Nährböden wachsen sie in Form von kleinen, häufchenförmigen Kolonien, während das Bakterienwachstum in Flüssigmedien als Trübung erkennbar ist.

Bakterientiter: Anzahl der Bakterienzellen pro ml Lösung

Bestimmung des Bakterientiters

Für viele mikrobiologische Experimente ist es wichtig zu wissen, wie viele Zellen in einer Lösung vorliegen. Die Anzahl der Bakterien in einem ml Nährmedium nennt man den **Bakterientiter**. Man bestimmt ihn durch Koloniezähltests wie in Abb. 26 dargestellt.

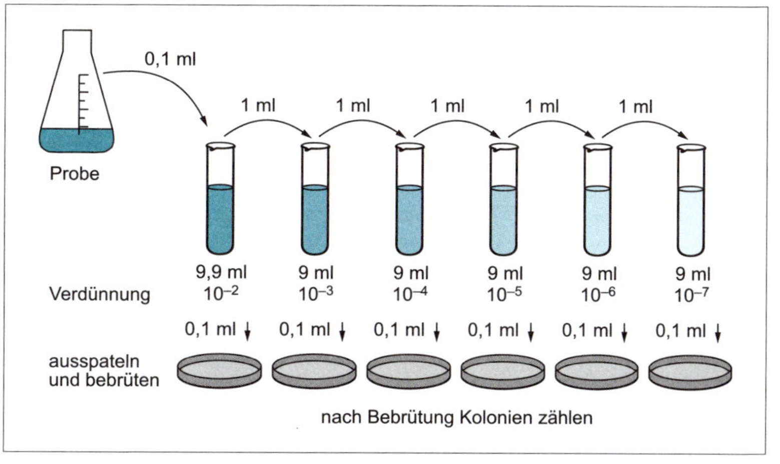

Abb. 26: Verdünnungsreihe zur Titerbestimmung einer Bakteriensuspension

Das Prinzip der **Koloniezähltests** beruht auf der Überlegung, dass jede einzelne sichtbare Kolonie auf ein einziges zuvor ausgespateltes Bakterium zurückgeht. Beispielsweise wird der Bakterientiter bei fünf Kolonien in der Verdünnungsstufe 10^{-6} folgendermaßen berechnet:
$5 \cdot 10^6$ (Verdünnung) $\cdot$ 10 (Menge 0,1 ml) = $5 \cdot 10^7$ Bakterien pro ml.

Wachstumskurve

Bestimmt man über einige Stunden hinweg alle 20 Minuten den Titer einer zunächst stark verdünnten Bakterienkultur, dann erhält man eine typische Wachstumskurve. Man erkennt nach einer **Anlauf-** und **Beschleunigungsphase** das maximale Bakterienwachstum am exponentiellen Zuwachs der Bakterienzahlen.

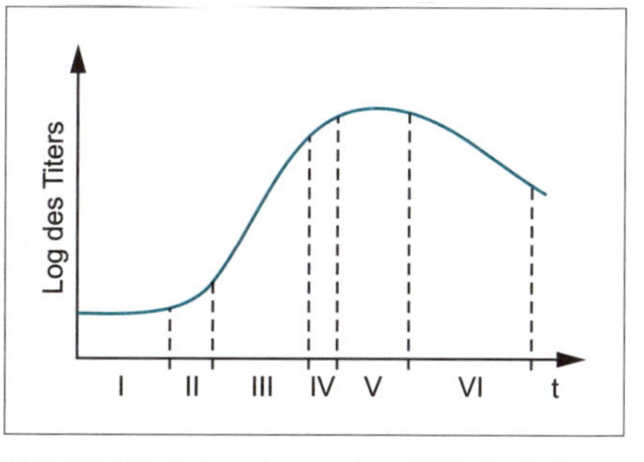

Abb. 27: Wachstumskurve einer Bakterienkultur: (I) Anlaufphase; (II) Beschleunigungsphase; (III) log-Phase; (IV) Verzögerungsphase; (V) stationäre Phase; (VI) Abnahmephase

log-Phase: Phase des logarithmischen Wachstums von Zellen in einer Bakterienkultur

Diese sogenannte **log-Phase** erklärt sich durch den besonderen Vermehrungsmechanismus der Bakterien: Aus einer Zelle entstehen durch Teilung zwei, bei der 2. Teilung vier, bei der 3. Teilung bereits acht Zellen usw. Wenn das Nährmedium erschöpft ist, die Bakterien zu dicht gewachsen sind oder zu viele giftige Stoffwechselprodukte ausgeschieden haben, stellen sie ihr Wachstum ein **(stationäre Phase)**. Eventuell sterben sogar wieder Zellen ab **(Abnahmephase)**.

Selektion von Antibiotika-Resistenzmutanten

Wildtyp: Gen, Zelle oder Organismus mit dem typischen Phänotyp und/oder Genotyp der jeweiligen Art

Antibiotika-Resistenzmutanten: Bakterienmutanten, die gegen ein Antibiotikum oder mehrere Antibiotika resistent sind

Will man die Weitergabe von Erbmerkmalen experimentell verfolgen, dann benötigt man außer dem **Wildtyp** auch geeignete Mutanten. Nur so wird die Vererbung von Merkmalen überprüfbar. Für genetische Experimente verwendet man häufig **Antibiotika-Resistenzmutanten**, die schnell und einfach zu isolieren sind.

Fluktuationstest: Test, der mit Bakterien durchgeführt wird, um die ungerichtete Natur von Mutationen nachzuweisen. Eine stark verdünnte Kultur von Wildtyp-Bakterien wird auf mehrere Reagenzgläser verteilt. Nach deren Vermehrung zu dichten Bakteriensuspensionen wird jeweils eine kleine Probe auf Nähragar mit Antibiotikum ausgespatelt und bebrütet. Die Auswertung zeigt ein recht unterschiedliches (fluktuierendes) Ergebnis: Auf den meisten Platten sind keine Kolonien zu finden, wenige Platten zeigen jedoch einzelne oder gar viele Kolonien.

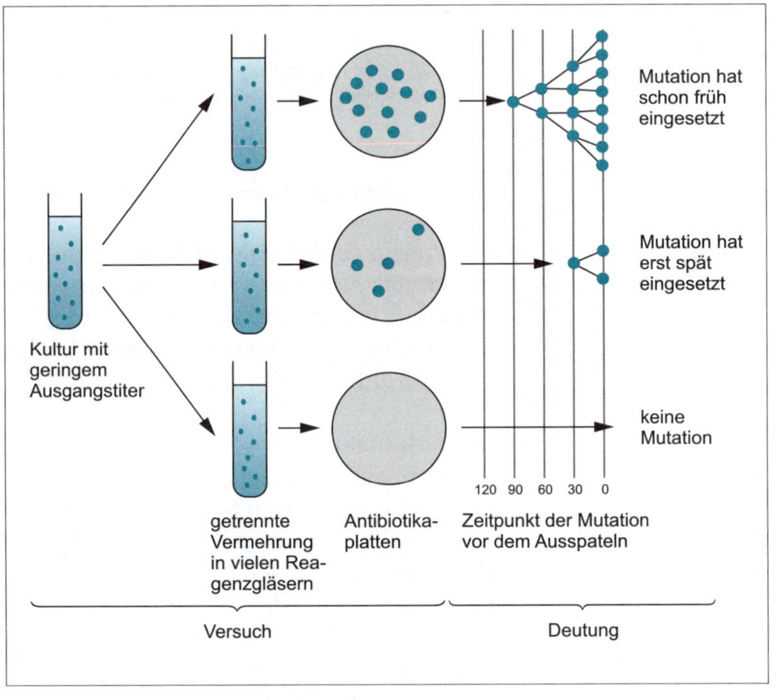

Abb. 28: Verlaufsschema zum „Fluktuationstest“ von S. Luria und M. Delbrück

Man verteilt eine hochtitrige Bakterienkultur auf einer antibiotikumhaltigen Nähragarplatte. Trotz weitgehender Wachstumshemmung durch das Gift wachsen einige wenige Kolonien an. Ursache dafür sind einzelne Bakterien, die gegen dieses Antibiotikum resistent geworden sind.

Reinkultur: Kultur von Bakterien desselben Phänotyps

Werden diese Bakterien isoliert und im Flüssigmedium herangezogen, handelt es sich um eine Reinkultur von ausschließlich antibiotikumresistenten Bakterien.
Wäre die Mutation in den Bakterienkolonien erst durch den Kontakt mit dem Antibiotikum ausgelöst worden, dann müssten alle Platten im Durchschnitt etwa gleich viele Kolonien mit resistenten Mutanten enthalten. Da aber das Ergebnis stark fluktuiert, lässt sich schließen, dass die Mutation ungerichtet und spontan erfolgt sein muss. Das Antibiotikum dient nur dazu, die resistenten Mutanten zu selektieren.

Mutationen erfolgen **zufällig, spontan** und **ungerichtet**.

Selektion von Aminosäure-Mangelmutanten

Aminosäure-Mangelmutanten: Mutanten von Bakterien, die ohne eine bestimmte Aminosäure im Nährmedium nicht wachsen können

Minimalmedien enthalten eine Energiequelle, wie Glucose und einige Salze.

Prototrophe Bakterien können alle notwendigen Wachstumsfaktoren selbst herstellen.

Auxotrophe Bakterien benötigen ein besonderes Nährmedium mit Stoffen, die sie nicht selbst herstellen können.

Eine weitere Möglichkeit zur Erzeugung geeigneter Stämme für Kreuzungsexperimente beruht auf der **Selektion von Aminosäure-Mangelmutanten**.
Wildtypbakterien können auf Minimalmedium aus den darin enthaltenen Vorstufen alle für den Stoffwechsel benötigten Aminosäuren selbst herstellen. Man nennt sie **prototroph**. Manchmal treten unter den Bakterien aber Mutanten auf, denen die Fähigkeit zur Synthese einer oder mehrerer Aminosäure(n) fehlt. Man nennt sie Aminosäure-Mangelmutanten. Sie wachsen nur auf einem Medium, das zum Ausgleich ihres Stoffwechselfehlers die betreffende Aminosäure enthält. Man sagt, diese Mutanten sind für die bestimmte Aminosäure **auxotroph**.
Zur Isolation von Aminosäure-Mangelmutanten erhöht man zunächst die Mutationshäufigkeit durch Mutagene, z. B. UV-Licht oder Chemikalien (z. B. salpetrige Säure), und reichert anschließend die Mutanten auf Minimalmedium an.
Auf diesem Medium wachsen nur die prototrophen Bakterien an, die man mit Penicillin tötet. Die auxotrophen Mutanten hingegen treten in eine Art Ruhezustand und überleben die Giftbehandlung. Nun werden die Bakterien auf Normalmedium weitervermehrt, wobei neben den Wildtypbakterien auch die Mangelmutanten anwachsen. Mit der sogenannten **„Stempeltechnik“** (Abb. 29) nach J. LEDERBERG wird das Muster der Bakterienkolonien auf Nährböden übergestempelt, einmal auf Vollmedium und einmal auf Minimalmedium. Nach der Bebrütung werden auf dem Minimalmedium einige Kolonien fehlen. An derselben Stelle im Vollmedium befinden sich die gesuchten Mangelmutanten. Auf Nährböden, denen jeweils eine der 20 Aminosäuren fehlt, wird im Anschluss die spezielle Aminosäure-Mangelmutante identifiziert.

JOSHUA LEDERBERG (geb. 1925): Amerikanischer Genetiker, Nobelpreis 1958

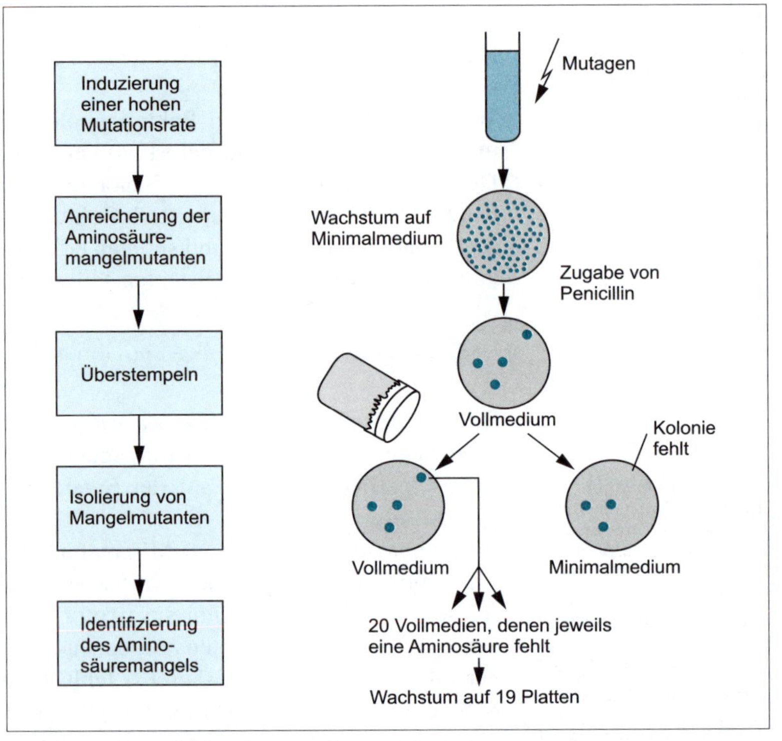

Abb. 29: Versuchsablaufschema zur Selektion von Aminosäure-Mangelmutanten mit der „Stempeltechnik"

Nachweis der Phagentätigkeit

Bakteriophagen (kurz Phagen) sind spezielle Viren, die in Bakterien vermehrt werden und diese dabei in der Regel zerstören. Wenn man Phagen mit einer Bakterienkultur mischt, dann klart sich nach einigen Stunden die bis dahin trübe Lösung auf, da die Bakterien nach ihrem Aufplatzen andere Lichtbrechungseigenschaften aufweisen.

Phagentiter: Anzahl der Phagen pro ml

Bei Phagen wird die Individuenzahl pro Raumeinheit als **Phagentiter** angegeben. Zur Bestimmung des Titers wird von einer phagenhaltigen Lösung eine Verdünnungsreihe hergestellt, die mit Bakterien, die sich in der log-Phase befinden, gemischt wird. Diese Mischungen werden in Weichagar auf normalem Agar ausgegossen. Im Weichagar bilden die Bakterien einen dichten Rasen. An den Stellen jedoch, wo ein Phage auf die Platte gebracht wurde, bildet sich im Bakterienrasen ein Loch (= **Plaque**). Die Anzahl der Plaques ermöglicht die Berechnung des Phagentiters.

Plaques: Flecken in einem Bakterienrasen, die auf die Tätigkeit von Phagen zurückgehen

3.2 Vermehrung bei Phagen – Geborgtes Leben

Phagen bestehen aus einem Nukleinsäure-Molekül (DNA oder RNA) und einer mehr oder weniger strukturierten Proteinhülle. Die Endplattenstifte dienen dem Anheften an die Bakterienzellwand. Phagen sind spezialisierte Viren, die sich nur mithilfe von Bakterien vermehren können. Einen eigenen Stoffwechsel besitzen sie nicht.

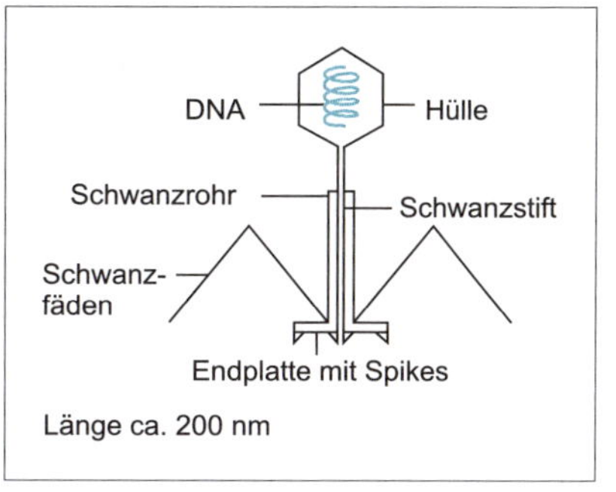

Abb. 30: Schematischer Bau des T4-Phagen

Lytisch: Bezeichnung für eine Bakteriophageninfektion, bei der die Wirtszelle sofort nach der Infektion aufgelöst wird. Es findet keine Integration der Phagen-Nukleinsäure in die Wirts-DNA statt.

Virulente Phagen – Lytischer Zyklus

Die Vermehrung eines Phagen läuft entsprechend den in Abb. 31 gezeigten Schritten ab:

- **Adsorption:** ein Phage trifft auf ein Bakterium und heftet sich mit seiner Basalplatte an die Bakterienzellwand an.
- **Injektion:** die Kanüle im Stiel des Phagen durchdringt die Zellwand und die Phagen-Nukleinsäure gelangt ins Innere des Bakteriums.
- Die Gene der Bakterienzelle verlieren die Kontrolle über den Stoffwechsel. Stattdessen werden auf „Anweisung“ der Phagen-DNA phagentypische Enzyme hergestellt.
- Die Nukleinsäure des Phagen wird vermehrt und Proteinbauteile für neue Phagenpartikel werden synthetisiert.
- Die vorgefertigten Bauteile – je ein DNA-Molekül und das Hüllprotein – werden innerhalb der Bakterienzelle zu neuen Phagen zusammengebaut.
- **Lyse:** Ein vom Phagen codiertes Enzym löst die Bakterienzellwand auf und die neuen Phagen werden freigesetzt.
- Die etwa 100 Phagen können sofort neue Bakterien infizieren.

Phagen, die in der beschriebenen Weise unmittelbar die Zerstörung des befallenen Bakteriums einleiten, nennt man **lytisch** oder **virulent**.

Lysogen: Bezeichnung für eine Bakteriophageninfektion, die eine Integration der Phagen-Nukleinsäure in die Wirts-DNA beinhaltet. Eine Lyse findet nicht sofort nach der Infektion statt.

Prophage: Phagen-Nukleinsäure, die in ein Bakterienchromosom integriert ist

Lysogenes Bakterium: Bakterium mit einem Prophagen

Temperente Phagen – Lysogener Zyklus

Bestimmte Phagen zeigen nach der Injektion der Nukleinsäure ein besonderes Verhalten: Sie veranlassen eine infizierte Wirtszelle zunächst nicht zur Lyse, sondern die Phagen-Nukleinsäure wird in das Bakterienchromosom aufgenommen. In diesem Zustand sind die Phagen nicht infektiös, man spricht von einem **Prophagen**. Das Bakterium mit dem Prophagen ist nun **lysogen**.

Zu einem späteren Zeitpunkt kann ein Prophage allerdings wieder selbstständig werden und in den infektiösen Zustand zurückkehren, wodurch das Bakterium lysiert wird. Manchmal geschieht eine solche Aktivierung eines Prophagen spontan, meistens jedoch als Reaktion auf einen induzierenden Einfluss von außen, z. B. durch UV-Bestrahlung, Hitze oder Chemikalien.

> Phagen, die einen lytischen oder auch lysogenen Zyklus auslösen können, nennt man **temperente** Phagen.

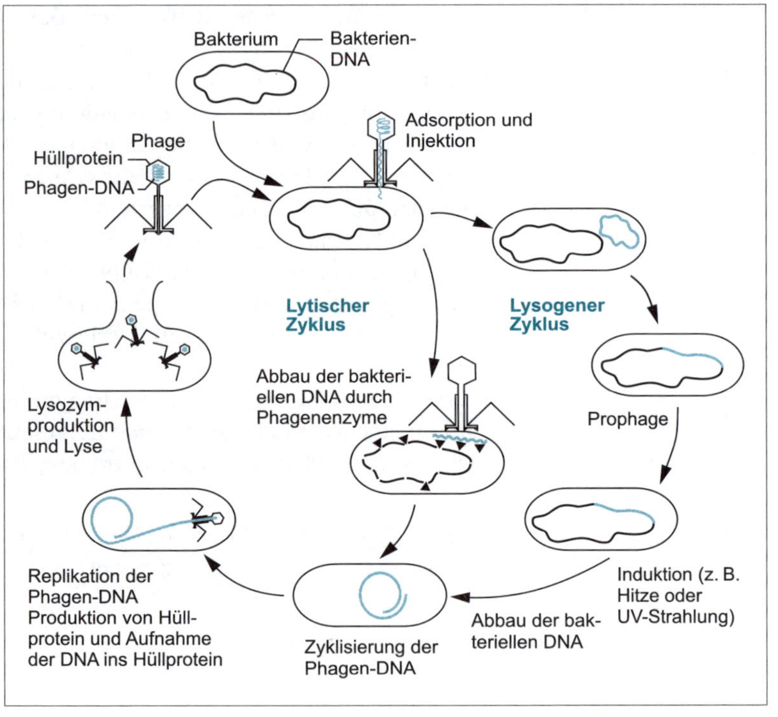

Abb. 31: Lytischer und lysogener Zyklus eines Bakteriophagen.

3.3 Bakterien und Viren tauschen Gene aus

Bakterien vermehren sich normalerweise ungeschlechtlich durch Zweiteilung. Allerdings konnten mit der Entdeckung der Rekombination auch geschlechtliche Vorgänge nachgewiesen werden. Da bei den Prokaryoten Meiose und Keimzellen fehlen, nennt man die Vorgänge der Genübertragung bei Bakterien **parasexuell**. Man hat bereits mehrere parasexuelle Vorgänge nachweisen können, z. B. Transformation, Konjugation, allgemeine und spezielle Transduktion.

Parasexuell: Austausch und Rekombination von Teilen des Genoms bei Prokaryoten

Transformation: lat. *transformare* umwandeln

Transformation

Transformation mit isolierter DNA: Der erste Nachweis der Übertragung einer isolierten Spender-DNA auf Bakterien gelang 1944 mit den Versuchen von AVERY (siehe S. 11). Für eine erfolgreiche Transformation müssen Bakterienzellen die Eigenschaft der **Kompetenz** aufweisen, d. h., sie müssen für die Aufnahme der DNA bereit (kompetent) sein. Einige Bakterienstämme besitzen diese Eigenschaft von Natur aus (natürliche Kompetenz). Andere Bakterienstämme können durch verschiedene Methoden kompetent gemacht werden, etwa durch Zugabe von Calciumchlorid ($CaCl_2$), wodurch die Zellen kompetent werden.

Den Ablauf der Übertragung von Genen bei der Transformation stellt man sich folgendermaßen vor (Abb. 32):

- Zunächst wird die isolierte DNA von der kompetenten Bakterienzelle an der Rezeptorstelle gebunden und aufgenommen.
- Die eingebrachte DNA lagert sich an (wenigstens teilweise) homologe DNA-Sequenzen des bakteriellen DNA-Ringes und es kommt zu einer **Rekombination**, vergleichbar mit dem Crossing over bei Eukaryoten. Der übertragene DNA-Abschnitt wird gegen den ursprünglichen DNA-Abschnitt ausgetauscht.
  Über den molekularen Mechanismus der Rekombination gibt es verschiedene Modellvorstellungen. Man geht davon aus, dass die beiden rekombinierenden DNA-Stränge an einer benachbarten Stelle enzymatisch geöffnet werden. Die geöffneten Stellen ergänzen sich nun gegenseitig, wobei vorerst zahlreiche gegenüberliegende Basen noch nicht komplementär zusammenpassen oder noch Überlappungen oder Lücken auftreten. Fehler dieser Art werden durch enzymatisch gesteuerte Reparaturvorgänge ausgebessert.

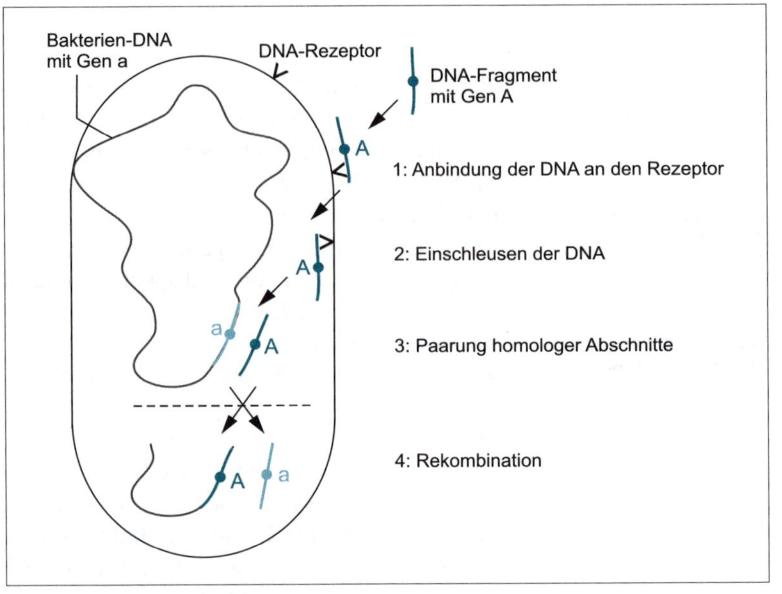

Abb. 32: Übertragung eines Gens durch Transformation

Plasmide sind kleine, außerhalb des Bakterienchromosoms lokalisierte DNA-Ringe, die sich selbstständig replizieren können.

Transformation durch Plasmide: Plasmide enthalten häufig Gene für eine Antibiotikum-Resistenz. Wenn man z. B. Plasmide mit der Resistenz gegen Ampicillin mit ampicillinempfindlichen Bakterien mischt, dringen einzelne dieser Plasmide in die Bakterien ein und verleihen ihnen und allen ihren Nachkommen die Ampicillin-Resistenz. Bakterien, die vorher ampicillinsensitiv waren, werden durch das Resistenz-Gen eines eingedrungenen Plasmids zu ampicillinresistenten Bakterien. Diese transformierten Bakterien wachsen auf ampicillinhaltigem Nährboden (Abb. 33).

Transformation heißt der Vorgang, bei dem isolierte DNA (aus dem Genom von Spender-Bakterien oder in Form von Plasmiden) auf ein Empfänger-Bakterium übertragen wird.

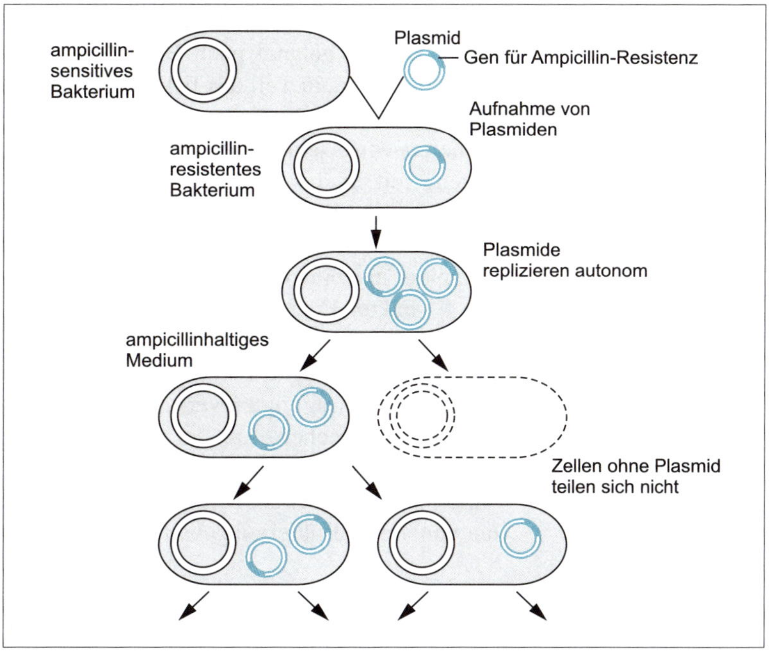

Abb. 33: Transformation durch Plasmide

Konjugation

J. LEDERBERG und E. TATUM entdeckten 1946 eine besondere Form des genetischen Austauschs zwischen bestimmten *E.-coli*-Stämmen, als sie feststellten, dass bei Mischung zweier unterschiedlicher Mangelmutanten wieder Wildtypbakterien entstanden. Bei der **Konjugation** treten die Zellen über eine Plasmabrücke miteinander in direkten Kontakt und tauschen bestimmte Gene aus. Weil dieser Gentransfer nur in einer Richtung möglich ist, spricht man von **asymmetrischer Konjugation** und unterscheidet **Donor-** und **Rezipientenzellen**. Die Donor-Bakterien verdanken ihre Spenderfähigkeit einem Fertilitätsfaktor F^+, der den Rezipientenzellen (F^-) fehlt. Der F^+-Faktor ist ein kleines Stück ringförmiger DNA, das außerhalb der eigentlichen Bakterien-DNA liegt. F^+-Bakterien haben einen fädigen Anhang, den F-Pilus („Sex-Pilus"), der F^--Zellen fehlt. Mit dieser Plasmabrücke nehmen F^+-Bakterien mit F^--Zellen Kontakt auf und übertragen eine Kopie des F^+-Faktors. Damit werden alle Empfängerzellen zu F^+-Zellen.

Donor: Spender-Stamm für bestimmte Gene bei Bakterien

Rezipient: Empfänger-Stamm für bestimmte Gene bei Bakterien

Fertilitätsfaktor: Plasmid in Donor-Zellen mit Genen für die F^+-Eigenschaft

Bei einer bestimmten Art der Konjugation beobachtet man allerdings, dass nicht alle Rezipienten zu F^+-Zellen werden. Unter den Donorstämmen befinden sich hier besondere Zellen, die mit sehr hoher Frequenz Rekombinanten erzeugen (Abb. 34). Sie heißen deshalb **Hfr-Zellen**. Ihr F^+-Faktor ist dabei in das bakterielle Hauptchromosom in-

Hfr-Zellen: engl. *high frequency of recombination*

tegriert, mit dem er auch repliziert wird. Bei der Konjugation von Hfr- und F^--Zellen gelangt nach Bruch des Chromosoms im Bereich des F^+-Faktors nur ein Teil des Faktors als Kopie in die Rezipienten-Zelle. Da aber mit dem F^+-Faktor das ganze restliche Bakterienchromosom repliziert wird, schleust das F^+-Faktor-Fragment auch andere Bakteriengene mit in die F^--Zelle. Der Transfer des gesamten *E.-coli*-Genoms dauert etwa 90 Minuten. Oft wird die Konjugation wegen dabei auftretender Scherkräfte aber schon vorher unterbrochen, sodass der Rezipient nur einen Teil des Donorchromosoms erhält und das restliche F^+-Faktor-Fragment im Donor verbleibt. Der Rezipient bleibt somit F^-.

Da die Plasmabrücke recht labil ist, kann man durch äußere Einwirkung die Übertragung zu verschiedenen Zeitpunkten ab Konjugationsbeginn unterbrechen. Aus der verstrichenen Zeit und der Art und Anzahl der übertragenen Gene lässt sich auf die Anordnung der Gene im Chromosom schließen. Mithilfe von Konjugationsexperimenten konnten von vielen Bakterien genaue Genkarten erstellt werden.

Genkarten → siehe S. 101 ff.

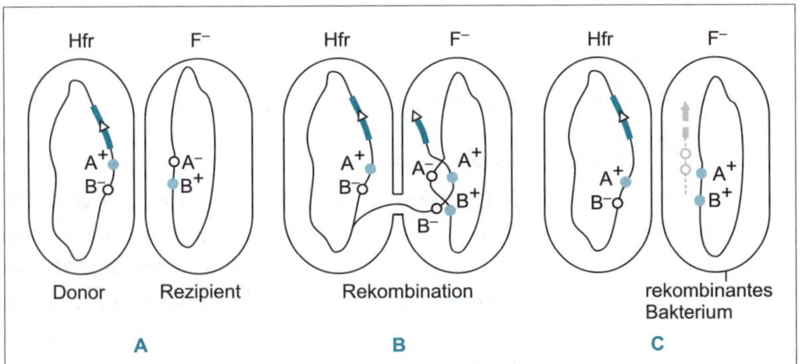

Abb. 34: Konjugation bei Bakterien. Der Donor überträgt zunächst seinen F-Faktor auf den Rezipienten. Dabei werden auch bestimmte Gene mitgezogen, hier A^+ und B^- (B). Durch einen Rekombinationsvorgang wird A^- gegen A^+ ausgetauscht. Im rekombinanten Bakterium wird das lineare DNA-Fragment mit dem F-Faktor-Fragment abgebaut (C).

Unter **Konjugation** versteht man die Übertragung von Genen zwischen Bakterienstämmen, einem Spender-Stamm und einem Empfänger-Stamm.
Die Übertragung von Bakteriengenen mithilfe des F^+-Faktors nennt man auch **F-Duktion**.

R-Faktoren (Resistenzfaktoren) sind Plasmide mit der Information für Antibiotika-Resistenz.

R-Faktoren

Bei der Behandlung von bakteriellen Infektionskrankheiten beobachtet man häufig, dass ein verwendetes Antibiotikum oder sogar eine Kom-

bination mehrerer Mittel wirkungslos bleibt. Als Ursache dafür kommen neben Resistenzgenen im Bakterienchromosom auch sogenannte **Resistenzfaktoren** infrage. Ein R-Faktor ist ein kleines, ringförmiges DNA-Molekül außerhalb der eigentlichen Bakterien-DNA mit einem Gen oder mehreren Genen für Antibiotika-Resistenz, ist also wie der F^+-Faktor ein **Plasmid**. Bei jeder Replikation des Bakterienchromosoms wird auch der R-Faktor repliziert und somit an alle Nachkommen weitergegeben.
R-Faktoren können durch Konjugation auch auf andere, bis dahin sensitive Stämme übertragen werden. Selbst eine **Übertragung auf artfremde** Bakterien ist möglich. Unter solchen Umständen kann sich unter Bakterien sehr schnell ein breites Resistenzspektrum ausbreiten, das die Anwendung vieler Antibiotika wirkungslos werden lässt.

Transduktion: lat. *transducere* hinüberführen

Allgemeine Transduktion

Eine andere Möglichkeit des Genaustauschs zwischen Bakterien heißt **allgemeine Transduktion**. Dabei dienen Phagen als „Genübermittler" zwischen den Bakterien.

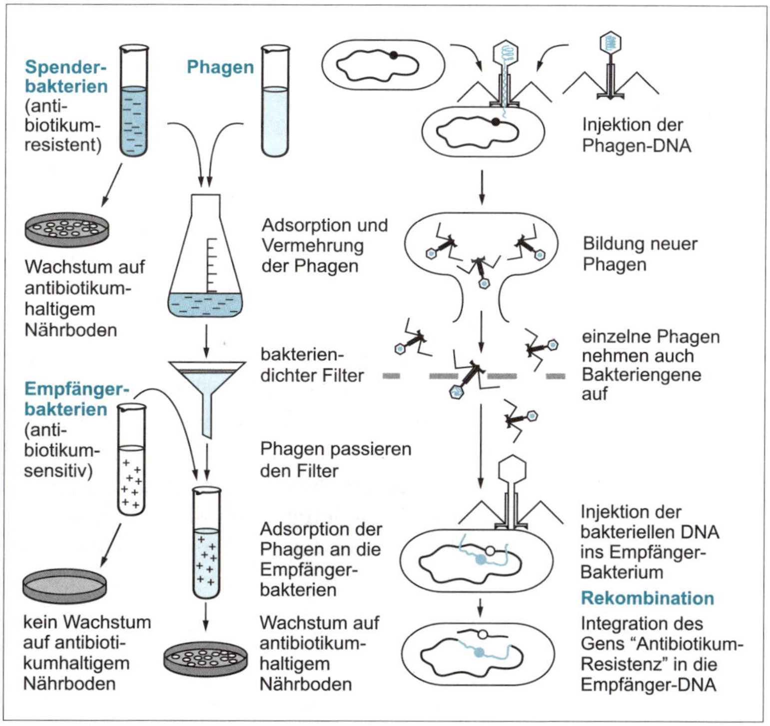

Abb. 35: Allgemeine Transduktion. Das Gen für Antibiotikum-Resistenz wird vom Spenderstamm über einen Phagen als Vektor zum Empfängerstamm transduziert.

Man kann einen antibiotikumresistenten Bakterienstamm mit einem geeigneten Phagenstamm zusammenführen und nach einer gewissen Vermehrungszeit die Bakterien durch Chloroform abtöten. Die Phagen überleben diese Behandlung. Werden nun diese Phagen zu einem antibiotikumsensitiven Bakterienstamm gegeben, dann lässt sich bei letzterem nach einiger Zeit die Antibiotikum-Resistenz nachweisen.
Ursache dafür ist, dass beim Zusammenbau der Phagen in einigen Fällen anstelle der Phagen-DNA ein Teil der Bakterien-DNA „eingepackt" wurde, sodass auch Phagen mit dem Bakteriengen für Antibiotikum-Resistenz entstehen konnten. Nach dem Befall des antibiotikumsensitiven Stammes injizierte ein solcher Phage die DNA mit dem Gen für Antibiotikum-Resistenz, und es kam durch Rekombination zum Austausch der neu eingebrachten gegen die Wildtyp-Gene.
Während bei der allgemeinen Transduktion jedes beliebige Teilstück einer Bakterien-DNA transduziert werden kann, findet bei der sogenannten **speziellen Transduktion** nur eine Übertragung ganz bestimmter Bakterien-Gene statt.

Mit **Transduktion** bezeichnet man den Vorgang der Übertragung von Genen bei Bakterien mithilfe von Phagen als Vektoren.

Transposition: lat. *transponere* hinübersetzen

Transposition

Bestimmte Gene in Bakterien können gelegentlich ein besonderes Verhalten aufweisen: Gewisse Abschnitte innerhalb eines DNA-Ringes können den Ort innerhalb des Plasmids wechseln und dabei sogar von einem Plasmid zum anderen, ja selbst von einem Plasmid zum Hauptchromosom eines Bakteriums „wandern". Weil diese Gene nicht fest an einen bestimmten Ort in der DNA gebunden sind, bezeichnet man sie als **„springende Gene"** (= Transposons).
Man unterscheidet die konservative von der replikativen Transposition. Im ersten Fall wird das betreffende Transposon als Ganzes aus der DNA ausgeschnitten und an anderer Stelle wieder eingebaut. Bei der replikativen Transposition bleibt das Transposon an der ursprünglichen Stelle erhalten, es wird jedoch kopiert und an einem anderen Ort zusätzlich eingefügt. Für die Vorgänge des Herausschneidens bzw. des Kopierens ist das Enzym **Transposase** zuständig.

4 Aus Genen werden Merkmale

4.1 Wie Proteine entstehen

Proteinbiosynthese: Herstellung von Protein auf der Grundlage einer Nukleinsäure; Vorgang der Expression eines Gens

Expression: lat. *exprimere* ausdrücken, darstellen

Die Informationen für die Merkmale von Lebewesen sind in der DNA verschlüsselt gespeichert. Sollen diese Merkmale wahrnehmbar werden, muss die DNA zunächst abgelesen und die darin enthaltene Information in Proteine umgesetzt werden. Dieser Vorgang wird als **Proteinbiosynthese** bezeichnet; dabei wird die genetische Information der DNA realisiert, sie wird **exprimiert**.

Proteine werden an den Ribosomen gebildet

Chemische Zusammensetzung der RNA → siehe S. 16

Die Synthese der Proteine findet an den **Ribosomen** statt. Ribosomen bestehen zu etwa 35 % aus Protein und zu 65 % aus **ribosomaler RNA (rRNA)**.

Ribosomen lassen sich in der Ultrazentrifuge bei sehr hohen Umdrehungszahlen in Untereinheiten auftrennen, die nach ihren Sedimentationseigenschaften mit S-Werten (Svedberg-Einheiten) bezeichnet werden. Die Untereinheiten setzen sich erst beim Start der Proteinbiosynthese zusammen.

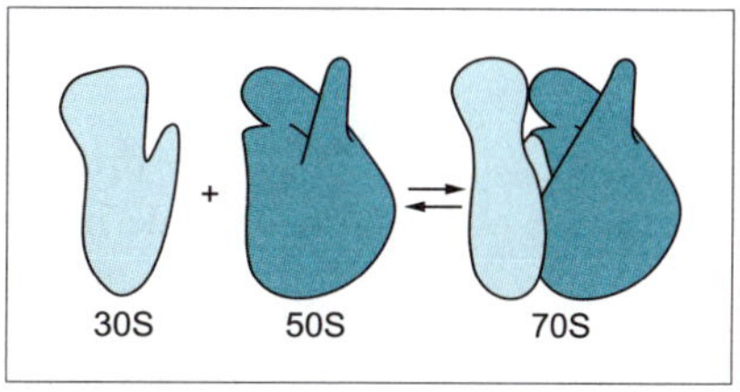

Abb. 36: Ribosom von *E. coli*, zusammengesetzt aus Untereinheiten von 30S und 50S (Die S-Werte addieren sich **nicht**)

Ribosomen von Prokaryoten	nicht an ein ER gebunden	Untereinheiten von 30S und 50S	insgesamt 70S
Ribosomen von Eukaryoten	am ER aufgereiht	Untereinheiten von 40S und 60S	insgesamt 80S

Tab. 3: Unterschiede der Ribosomen von Pro- und Eukaryoten

RNA-Arten vermitteln zwischen DNA und Protein

sRNA: engl. *soluble* löslich

Auf der Suche nach den Stoffen, die zur Proteinsynthese benötigt werden, fand man in der löslichen Fraktion von Leberzellen eine weitere Art von RNA. Zunächst bezeichnete man sie als sRNA, später, als ihre Funktion bekannt war, als **transfer-RNA (tRNA)**.

Mit dem Buchstaben **u** wird die atomare Masseneinheit gekennzeichnet.

Die Molekularmasse einer tRNA ist gering (20 000 bis 40 000 u). Die tRNA-Moleküle bestehen meist aus etwa 75 bis 90 Nukleotiden und sind schleifenartig gewunden. Einzelstrangabschnitte und Abschnitte mit gepaarten Basen wechseln einander ab. Am 3'-Ende besitzt jede tRNA die typische Basensequenz C-C-A. An dieses Ende kann enzymatisch eine **Aminosäure angeknüpft** werden. Ein weiteres Basentriplett in der tRNA, das **Anticodon**, ist bei der Proteinsynthese von Bedeutung.

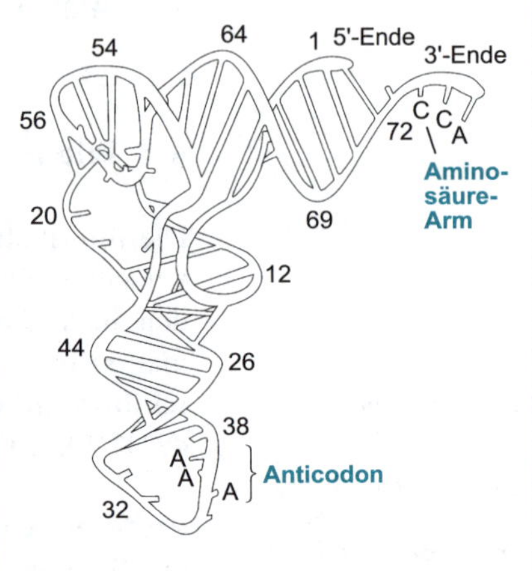

Abb. 37: Struktur der tRNA für den Transport von Phenylalanin. Diese tRNA besteht aus 76 Nukleotiden, die teilweise Basenpaarungen aufweisen. Über das Anticodon AAA wird das komplementäre Codon UUU der mRNA erkannt. Am CCA-Ende wird die Aminosäure Phenylalanin angeknüpft.

Eine dritte Art von RNA wurde in Bakterien entdeckt, die kurz zuvor mit Phagen infiziert worden waren. Sie stellte sich als hochmolekular heraus und wurde später aufgrund ihrer Funktion als **messenger-RNA (mRNA)** bezeichnet. Nachdem man ein Enzym identifiziert hatte, das in der Lage war, aus Nukleosidtriphosphaten eine mRNA zu synthetisieren, konnte man die Zusammensetzung dieser mRNA untersuchen. Das Enzym, die **mRNA-Polymerase**, war nur dann in der Lage, eine mRNA zu bilden, wenn gleichzeitig auch eine DNA (eine sogenannte „template“-DNA) vorlag. So wurde offensichtlich, dass die mRNA eine **Negativkopie der DNA** darstellt.

mRNA: engl. *messenger* Botschafter

Der genetische Code muss aus drei Basen bestehen

Um 20 Aminosäuren spezifisch codieren zu können, bedarf es auch mindestens 20 unterschiedlicher Basen-Codes. Dabei verschlüsselt eine Kombination von **drei aus den vier Basen** der DNA je eine Aminosäure. Es sind damit nicht nur 20, sondern sogar $4^3 = 64$ Möglichkeiten der Codierung gegeben, sodass 44 „überzählige“ Basenkombinationen vorliegen.

Der **Nachweis des Dreiercodes** gelang F. CRICK an T4-Phagen durch die Erzeugung von Leseraster-Mutationen, bei denen er einzelne Nukleotide der Phagen-DNA zerstörte bzw. einzelne neue Nukleotide einfügte. Beide Eingriffe machten die ganze Information der DNA unlesbar. Wurden hingegen jeweils drei Nukleotide entfernt oder hinzu-

gefügt, konnte die Information wieder abgelesen werden und es kam wieder zur Bildung eines Proteins, allerdings mit Fehlern.
Am Beispiel eines einfachen Satzes, der nur aus Wörtern zu je drei Buchstaben besteht, lässt sich das Prinzip veranschaulichen:

- Normaler Satz
  DER BÄR KAM VOR TAU UND TAG AUS DEM BAU → lesbar
- Ausfall eines Buchstabens:
  DRB ÄRK AMV ORT AUU NDT AGA USD EMB AU → nicht lesbar
- Einfügen eines Buchstabens:
  DER XBÄ RKA MVO RTA UUN DTA GAU SDE MBA U → nicht lesbar
- Ausfall von drei Buchstaben:
  DER BÄR VOR TAU UND TAG AUS DEM BAU → lesbar
- Austausch eines Buchstabens:
  DES BÄR KAM VOR TAU UND TAG AUS DEM BAU → lesbar

So werden die Proteine schrittweise aufgebaut

Die Bildung der Proteine ist durch die genetische Information festgelegt. Diese Proteinbiosynthese lässt sich in zwei Abschnitte gliedern:

- das Abkopieren der Basensequenzen von der DNA auf eine mRNA **(Transkription)**
- das Übersetzen der Basensequenz der mRNA in eine Aminosäuresequenz des herzustellenden Proteins **(Translation)**

Transkription: lat. *transcribere* umschreiben

Bei der **Transkription** wird die Information getreu der DNA-Vorlage in eine RNA umkopiert. Dabei spielt das Enzym **RNA-Polymerase (Transkriptase)** eine wichtige Rolle: An einer Erkennungsregion (der Promotor(P)-Region) bindet dieses Enzym an die DNA und öffnet an einem Abschnitt der Doppelhelix die Wasserstoffbrückenbindungen, sodass zwei ungepaarte DNA-Stränge vorliegen. Zugleich katalysiert es an einem der Stränge (dem **codogenen** oder **informationstragenden (+)-Strang**) die Synthese einer mRNA aus Nukleotidbausteinen nach dem Prinzip der komplementären Basenpaarung. So entsteht eine Negativkopie des (+)-Stranges, die bis auf den Ersatz der Base T durch U dem (–)-Strang der DNA gleicht (Abb. 38).

Translation: lat. *translatio* Übertragung

Bei der **Translation** wird die „Sprache“ der Nukleinsäuren in die der Aminosäuren übersetzt. Ehe dies geschehen kann, bindet die neu gebildete mRNA an die Ribosomen, bei Bakterien zunächst an die ribosomale 30S-Untereinheit. Liegen eine „Starter-RNA“ und einige weitere Protein-Faktoren vor, beginnt die Synthese an einem **Start-Codon** der mRNA. Die 50S-Untereinheit lagert sich an die 30S-Untereinheit an und bildet so einen funktionsfähigen Komplex (Abb. 39).

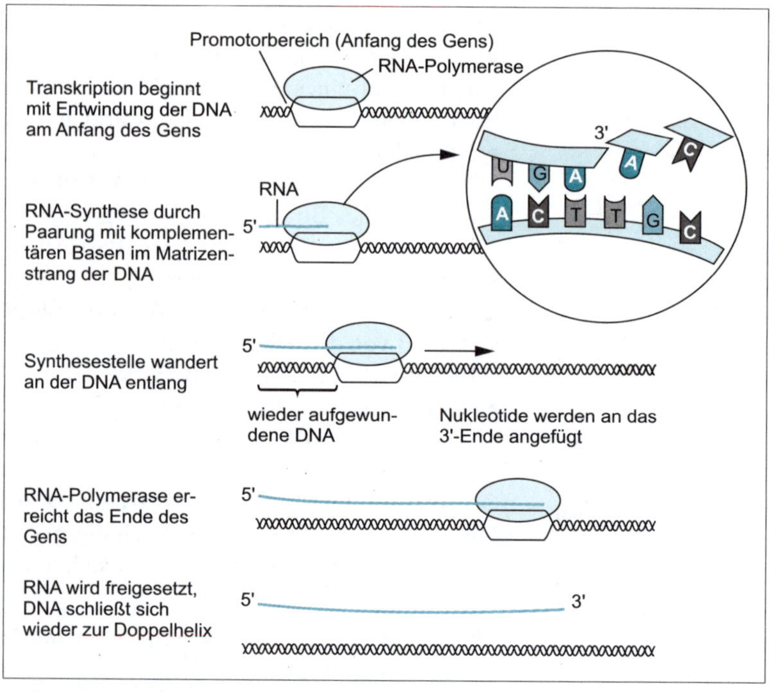

Abb. 38: Die Transkription von der DNA zur mRNA, katalysiert durch die RNA-Polymerase

Die Aminosäuren werden jeweils mithilfe eines passenden tRNA-Moleküls, das über ein bestimmtes Basentriplett (dem **Anticodon**) das zugehörige Basentriplett der mRNA **(Codon)** identifiziert, an der richtigen Stelle auf der mRNA positioniert. Hat die tRNA an die mRNA gebunden, lädt sie ihre Aminosäure ab, indem diese mit der Aminosäure der tRNA, die das vorangehende Codon besetzt, durch eine **Peptidbindung** verknüpft wird. Für die Beladung der tRNA-Moleküle mit den Aminosäuren sind spezifische Aminoacyl-tRNA-Synthetasen zuständig. Sie aktivieren zunächst unter Energieverbrauch (ATP) die Aminosäuren, bevor letztere über Peptidbindungen verbunden werden können.

Peptidbindung
→ siehe S. 8

ATP (Adenosinmonophosphat) ist ein universeller Energieträger der Zelle.

Im Anschluss verlässt die tRNA das Ribosom und steht erneut für einen Aminosäuretransport zur Verfügung. Während die Ribosomen an der mRNA weitergleiten, wird Codon für Codon über tRNA-Moleküle auf diese Weise abgelesen und in eine Aminosäuresequenz umgesetzt. Da mehrere Ribosomen zu einem Polysom zusammengeschlossen sind, können viele Eiweißmoleküle desselben Typs parallel hergestellt werden.

Ein **Polysom** ist ein Komplex, der aus mehreren, unabhängig voneinander arbeitenden Ribosomen besteht.

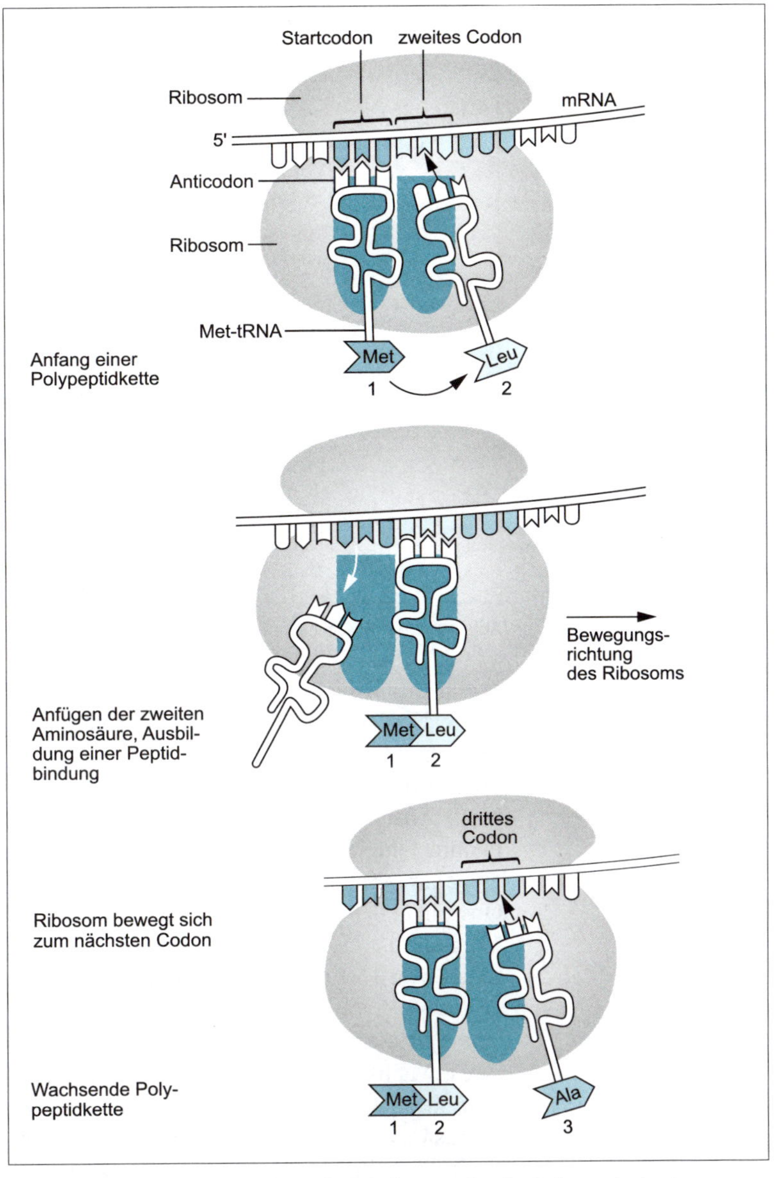

Abb. 39: Translation an einer mRNA: Drei Codons werden der Reihe nach abgelesen, es entsteht ein Tripeptid aus den Aminosäuren Met-Leu-Ala. In entsprechender Weise erfolgt die Anknüpfung weiterer Aminosäuren, bis ein vollständiges Polypeptid vorliegt.

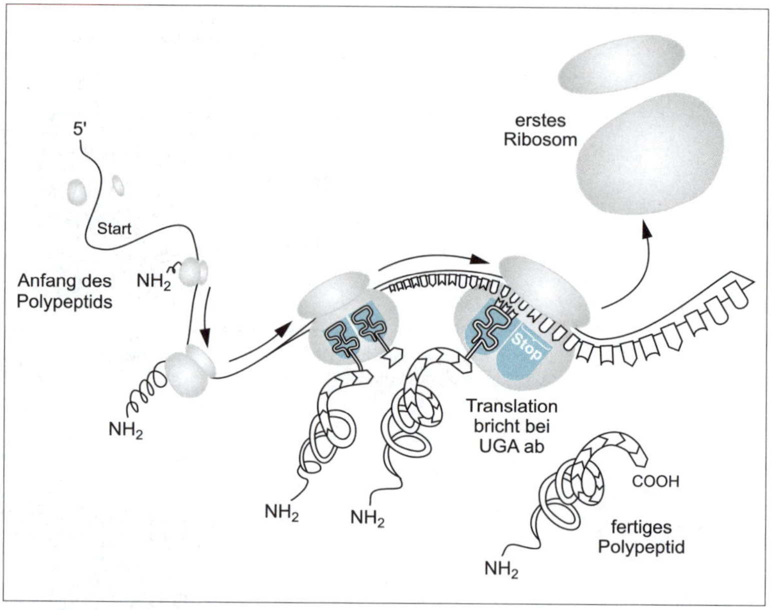

Abb. 40: Die Proteinbiosynthese läuft an mehreren Ribosomen gleichzeitig ab.

Wenn das Ribosom beim Ablesen der mRNA auf die Basentripletts UAA, UAG oder UGA **(Stopp-Codons)** trifft, wird die Eiweißsynthese beendet. Die Aminosäurekette (Primärstruktur) löst sich von der mRNA ab und faltet sich selbstständig zum funktionsfähigen Protein. Nach Abschluss der Proteinsynthese zerfallen die Ribosomen wieder in ihre Untereinheiten und können erneut mit einer mRNA Verbindung aufnehmen.

Obwohl die Proteinsynthese, wie beschrieben, ein enorm komplexer Vorgang ist, wird ein Eiweißmolekül mit einer durchschnittlichen Länge von 150 Aminosäuren innerhalb weniger Minuten fertiggestellt.

Wie Proteine an ihren Bestimmungsort gelangen

Ein erwachsener Mensch besteht aus ungefähr 100 Billionen Zellen. Jede menschliche Zelle enthält etwa eine Milliarde Proteine, die ausnahmslos an den Ribosomen hergestellt werden. Der Ort, an dem diese Proteine ihre Aufgaben erfüllen, ist jedoch meist nicht der Syntheseort. Wie Proteine an ihre tatsächliche Wirkungsstätte gelangen, konnte vom deutschen Wissenschaftler G. Blobel gezeigt werden.

Nach Blobels **„Signalhypothese“** erhalten Proteine, die in oder aus der Zelle weitertransportiert werden sollen, ein „topogenes“ Signal. Dieses Signal – eine Sequenz von Aminosäuren innerhalb oder am Ende der Kette – lenkt die Proteine an den richtigen Platz in der Zelle

Günter Blobel und seine Mitarbeiter erhielten für diese Arbeit 1999 den Nobelpreis.

topogen: gr. *topos* Platz, Ort und gr. *gignesthai* werden, entstehen lassen

und sorgt beispielsweise dafür, dass sie korrekt in Membranen eingebaut werden. Die Signale sind gleichsam der Adresszettel, der ein Paket an den richtigen Ankunftsort dirigiert.

Die Kenntnis von der Funktion der topogenen Signale ist auch für die Medizin und die Humangenetik von Bedeutung. Sie hilft, die Abläufe der Antikörperproduktion im Immunsystem oder die molekularen Mechanismen bei der Entstehung von Erbkrankheiten besser zu verstehen. Die Mukoviszidose wird beispielsweise dadurch verursacht, dass bestimmte Proteine nicht an ihren vorgesehenen Zielort gelangen.

Mukoviszidose
→ siehe S. 151

4.2 Der Genetische Code – Die Sprache der Gene

Was bedeuten die 64 Dreiercodes, die aus den vier Basen A, U, G und C gebildet werden können? Die Entschlüsselung des genetischen Codes gelang innerhalb weniger Jahre unerwartet schnell. Das Versuchsprinzip war es, einem System mit isolierten Ribosomen künstlich erstellte Polyribonukleotide mit bekannter Basenzusammensetzung anzubieten und dann zu prüfen, welche Aminosäuren von diesem System verarbeitet werden. Das Ergebnis dieser Versuche kann aus dem „Code-Lexikon" ersehen werden.

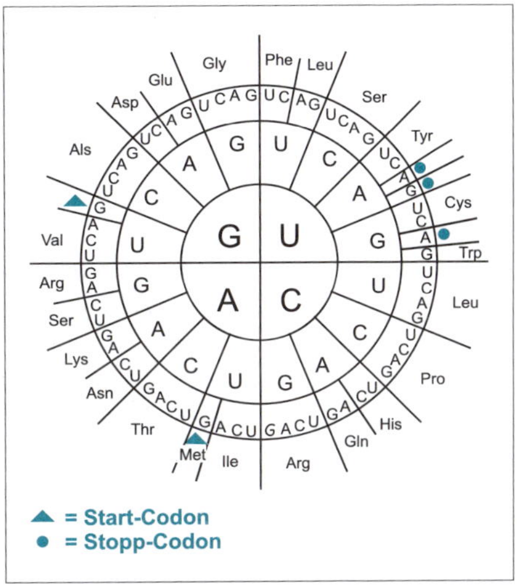

Abb. 41: Code-Sonne mit den Verschlüsselungen der Aminosäuren durch die mRNA. Sie wird von innen nach außen abgelesen.

Die Kenntnis des genetischen Codes macht es möglich, komplette Gene künstlich herzustellen.
→ siehe dazu S. 132 ff.

- Wie man der Code-Sonne entnehmen kann, stehen zahlreiche Basentripletts für die gleiche Aminosäure. Man sagt deshalb, der genetische Code sei **degeneriert**. In den meisten Fällen betrifft die Degeneration nur die dritte Base. Es fällt auf, dass den Codons UGA, UAG und UAA keine Aminosäuren zugeordnet werden können. Diese Basenfolgen beenden eine laufende Proteinsynthese und heißen daher auch **Stopp**-Codons. Der Anfang der Proteinbiosynthese wird durch das **Start**-Codon AUG verschlüsselt, bei Prokaryoten auch durch GUG oder UUG.

- Ursprünglich wurde der genetische Code bei Bakterien entschlüsselt. Es hat sich aber gezeigt, dass er für fast alle Organismen einschließlich des Menschen Gültigkeit besitzt. Wie **universell** der Code ist, zeigt die Tatsache, dass Codierung und Translationsprozesse bei allen bisher untersuchten Organismen nahezu identisch sind. Als Beispiel sind Abweichungen in der Aminosäuresequenz des menschlichen Hämoglobins (z. B. Sichelzellanämie, siehe S. 24) zu nennen: Für alle beobachteten Fälle einer einzigen Aminosäuresubstitution im Hämoglobin wurde als Ursache der Austausch eines Nukleotidpaares festgestellt. Dieser Austausch lässt sich mit dem genetischen Code, wie er bei *E. coli* gefunden wurde, erklären. Ein anderer Befund weist in dieselbe Richtung: mRNA mit ihrer Information für Proteine wird von sehr unterschiedlichen Organismen verstanden und translatiert. So kann Hämoglobin-mRNA aus den roten Blutkörperchen von Kaninchen auch in Eiern des Krallenfrosches *Xenopus* in Kaninchen-Hämoglobin translatiert werden. Die weitgehende Universalität des genetischen Codes kann man als wichtigen Beleg für die gemeinsame Abstammung (Evolution) aller Organismen ansehen.

Für den **genetischen Code** gilt:
- Je **drei Nukleotide** codieren eine Aminosäure.
- Es sind keine Pausezeichen notwendig.
- Die Codes überlappen nicht.
- Der Code ist **universell**, er gilt für alle Lebewesen.
- Der Code ist **degeneriert**, es gibt für eine Aminosäure jeweils mehrere Dreiercodes.

4.3 Die Aktivität der Gene muss geregelt werden

Jede Körperzelle eines Mehrzellers enthält die gesamte genetische Information. Es können daher zu keinem Zeitpunkt der Entwicklung alle Gene einer Zelle zugleich aktiv sein. Selbst für Prokaryoten hätte ein gleichzeitiges „Ablesen" aller genetischen Informationen fatale Folgen. Tatsächlich sind von den etwa 4 000 Genen des Bakteriums *E. coli* zur gleichen Zeit immer nur höchstens etwa 600 Gene ablesbar, der Rest ist abgeschaltet.
Welche Mechanismen regulieren dieses zeitliche und räumliche Muster der Informationsausgabe?

Substratinduktion: Zunahme der Bildungsgeschwindigkeit eines Enzyms bei Erhöhung der dazugehörigen Substratmenge

Regulation bei Prokaryoten

Substratinduktion – beim abbauenden Stoffwechsel: In den beiden folgenden Beispielen werden die notwendigen Enzyme erst dann in ausreichenden Mengen gebildet, wenn das dazugehörige Substrat genutzt werden soll. Man spricht in solchen Fällen von einer **Substratinduktion**.

- Manche Bakterienarten bilden nur dann das stärkeabbauende Enzym Amylase, wenn man ihnen ausschließlich Stärke als Nahrung zuführt.
- Hefezellen können sich an den Zucker Galaktose richtiggehend „gewöhnen", indem sie die Fähigkeit zum Galaktoseabbau erwerben. Wenn man ihnen auch andere Zucker, z. B. Glucose, anbietet, verlieren sie diese Fähigkeit scheinbar wieder.

François Jacob (1920–2013): Französischer Biochemiker

Jaques Monod (1910–1976): Französischer Genetiker

Beide erhielten für die Entwicklung der Modellvorstellung für die Substratinduktion den Nobelpreis 1965.

Disaccharid: Doppelzuckermolekül aus zwei Molekülen Einfachzucker

Für den Vorgang der Substratinduktion konnten F. Jacob und J. Monod eine Modellvorstellung entwickeln (Abb. 42). Sie arbeiteten an der Aufklärung des Laktose-Stoffwechsels von *E. coli*. Dieses Bakterium bildet, wenn es ausschließlich in Gegenwart von Laktose vermehrt wird, ein laktoseabbauendes System aus den Enzymen β-Galaktosidase, Permease und Transacetylase. Diese drei Enzyme katalysieren die Zerlegung des Disaccharids Laktose in die beiden Monosaccharide Galaktose und Glucose. In ihrem Modell zur Regulation dieses Enzymsystems unterschieden die beiden Forscher drei funktionale Genregionen auf der *E.-coli*-DNA:

- **Strukturgene** (S), die die Aminosäuresequenz der genannten Enzyme codieren.
- **Operatorgene** (O), die die Expression der Strukturgene kontrollieren, selbst aber keine Proteine verschlüsseln. Die Operatorgene bilden mit den von ihnen kontrollierten Strukturgenen eine funktionelle Einheit, das **Operon**. Strangaufwärts neben dem Operatorgen liegt immer ein **Promotor** (P), eine Basensequenz, von der aus die Synthese der mRNA initiiert wird. Promotor und Operator arbeiten zusammen: Ist der Operator nicht blockiert, dann beginnt vom Promotor ausgehend die Transkription der Strukturgene.
- **Regulatorgene** (R), die die Aminosäuresequenz für ein Repressorprotein verschlüsseln. Dieses Protein (kurz der **Repressor**) hat die Eigenschaft, dass es Operatorgene erkennen und an diese binden kann. Ein vom Repressor besetzter Operator ist blockiert. Da der Repressor ein **allosterisches Protein** ist, kann er seine Raumstruktur bei Anlagerung bestimmter anderer Stoffe **(Co-Repressoren)** verändern. Mit der veränderten Raumstruktur erhält das Repressorprotein auch eine andere Funktion.

Promotor → siehe auch S. 41 f.

Allosterisches Protein: Eiweiß, das abhängig von der Anwesenheit anderer Stoffe seine Raumstruktur und damit auch seine Funktionsweise verändern kann

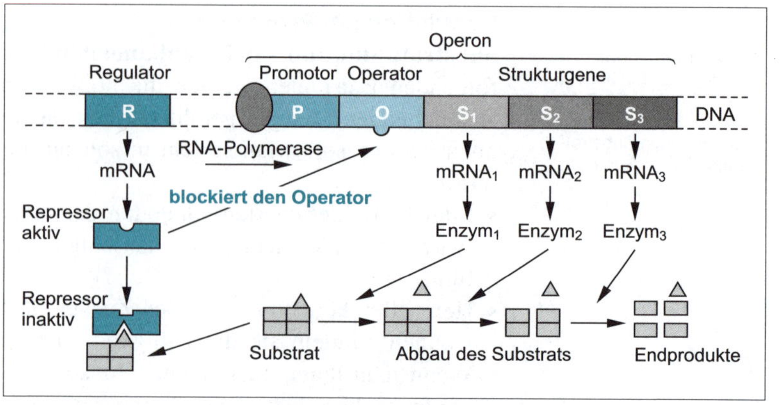

Abb. 42: Schema zur Substratinduktion

Die Regulation im induktiven System wird dadurch erreicht, dass das Substrat selbst der Stoff ist, der den Repressor inaktiviert. Als Folge davon kann er den Operator nicht mehr blockieren und gibt damit die Bildung substratabbauender Enzyme frei. Die Enzymproduktion hält so lange an, bis das Substrat vollständig verbraucht ist. Ist kein Substrat mehr vorhanden, dann wird auch der Repressor wieder aktiv und blockiert die Enzymbildung. Auf diese Weise reguliert sich die Enzymmenge je nach Bedarf – durch das Angebot – von selbst.

Endproduktrepression: Abnahme der Bildungsgeschwindigkeit eines Enzyms durch das Endprodukt der Enzymreaktion
Repression: lat. *reprimere* unterdrücken

Endproduktrepression – beim aufbauenden Stoffwechsel: Einen anderen Regulationsmechanismus entdeckte MONOD 1953 beim Bakterium *Aerobacter aerogenes*. Bei diesem Bakterium wird in Gegenwart der Aminosäure Tryptophan die Bildung desjenigen Enzyms eingeschränkt, das zur Bildung des Tryptophans notwendig wäre. In diesem Fall wird also durch das Endprodukt der Enzymreaktion (Tryptophan) die Synthese eben dieses Endprodukts unterdrückt. Man spricht hier deshalb von **Endproduktrepression**.
Im Prinzip haben bei der Endproduktrepression die Struktur-, Operator- und Regulatorgene dieselbe Funktion wie beim induktiven System. Nur ist hier der Repressor allein inaktiv; erst bei Vorhandensein des Endprodukts wird er wirksam und kann die Synthese der Enzyme blockieren. Ein Fehlen des Endprodukts signalisiert somit den Beginn der Enzymsynthese (Abb. 43).

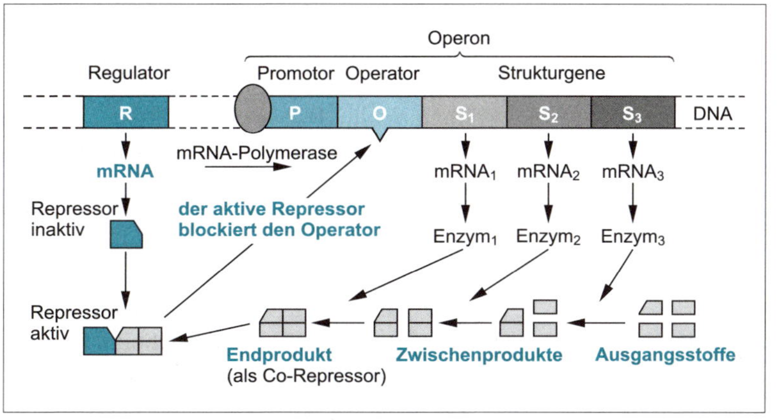

Abb. 43: Schema zur Endproduktrepression.

Regulation der Genexpression bei Eukaryoten

Gegenüber Prokaryoten besitzen Eukaryoten in jeder Zelle eine etwa 1 000 bis 10 000-mal größere DNA-Menge. Allein deshalb lässt sich vermuten, dass Eukaryoten noch weitere und komplexere Regulationsmechanismen besitzen. Diese greifen beispielsweise am DNA-Histon-Komplex, an der Kernmembran, am mRNA-Transport ins Zytoplasma oder an den Ribosomen an. Bei höheren Organismen (Insekten, Wirbeltiere) spielen außerdem Hormone eine wichtige Rolle bei der Regulation der Genaktivität.

Riesenchromosomen entstehen, wenn sich die Chromatiden der gepaarten homologen Chromosomen ohne vorherige Kernteilung vervielfachen.
→ siehe Mitose S. 66 ff.

- **Riesenchromosomen von Zweiflüglern:** Beobachtungen an den Riesenchromosomen von Zweiflüglern haben gezeigt, dass sich die Gestalt der Chromosomen im Laufe der Entwicklung eines Insekts ändert. In bestimmten Geweben und zu verschiedenen Zeiten des Larven- und Puppenstadiums erscheinen an stets charakteristischen Stellen Aufblähungen, die sogenannten **Puffs**. An diesen Stellen stülpen sich die Chromatiden schleifenförmig nach außen. Nach einiger Zeit bilden sich die Puffs wieder zurück. Während der Puffbildung ist die DNA besonders aktiv, es wird viel mRNA gebildet. Somit gestattet die mikroskopische Beobachtung der Puffs bei den Riesenchromosomen der Zweiflügler einen direkten Rückschluss auf den Aktivitätszustand der Gene.
- **Lampenbürstenchromosomen von Amphibien:** An Lampenbürstenchromosomen aus den Oozyten von Amphibien wurden ähnliche Beobachtungen gemacht. Diese Chromosomen können bis zu 1 mm lang werden. Ihre auffallende, bürstenartige Form kommt dadurch zustande, dass sich die DNA seitlich in Schlingen anordnet. Dadurch entsteht ein zu verschiedenen Entwicklungsphasen unter-

schiedliches Muster, vergleichbar demjenigen bei Riesenchromosomen, das man ebenfalls mit der vermehrten Bildung von mRNA in Verbindung bringt.

- **Hormonelle Regulation:** Insekten besitzen für die Häutung ein Hormon, das Ecdyson. Spritzt man einer Zuckmückenlarve *(Chironomus)* Ecdyson ein, lässt sich unabhängig vom Entwicklungszustand der Larve die Verpuppung auslösen. Überprüft man die Chromosomen der hormonbehandelten Larven im Mikroskop, stellt man fest, dass zu verschiedenen Zeiten nach der Hormongabe auch an unterschiedlichen Stellen bestimmte Puffs entstehen.

Epigenetik: gr. *epi* nach, hinterher, zusätzlich Forschungsgebiet, das sich mit (der Vererbung von) Veränderungen in der Genexpression befasst, die nicht in der DNA-Sequenz codiert sind

- **Epigenetik:** Nach der Befruchtung beginnt sich die Eizelle zu teilen (Furchung). Bis zum 8-Zell-Stadium sind die Tochterzellen totipotent, d. h., sie sind funktionell gleichwertig und noch immer in der Lage, sich in einen vollständigen Organismus zu entwickeln (siehe eineiige Zwillinge, S. 114). Ab dem 16-Zell-Stadium erfahren Zellen eine zunehmende Differenzierung und Spezialisierung, wodurch sie allmählich ihre gewebespezifischen Eigenschaften erhalten. Damit einher geht der Verlust ihrer Totipotenz; nur in wenigen Zellen, den sogenannten adulten Stammzellen, bleibt eine gewisse Fähigkeit zur Differenzierung erhalten. Trotz Zellspezialisierung bleibt die Sequenz des Erbguts jeweils unverändert. Stattdessen sorgen verschiedene Mechanismen für die Festlegung der Zellfunktion, wobei bestimmte Regionen des Erbguts stillgelegt, andere hingegen bevorzugt transkribiert werden.

  Einer der wichtigsten Mechanismen, die eine solche Veränderung (Modifikation) hervorrufen kann, ist die DNA-Methylierung: Spezielle Enzyme (DNA-Methyltransferasen) sorgen dafür, dass an bestimmten Stellen der DNA Methylgruppen angehängt werden. Die Base selbst und ihre Position innerhalb der DNA bleiben unverändert, auch ist der Vorgang reversibel. Somit stellt die DNA-Methylierung noch keine Mutation dar, die Zelle erhält jedoch durch die Veränderung eine besondere „Prägung". Auch im Bereich der Histonproteine im Chromatin können ähnliche Veränderungen stattfinden, sogenannte Histonmodifikationen. Diese Veränderungen wirken sich auf die Chromatinstruktur aus und können Einfluss auf die Genaktivität ausüben.

  Modifikationen dieser Art gehören zu den sogenannten **epigenetischen Mechanismen**.

Intron – Exon – Prozessierung

Bei Eukaryoten liegt ein Gen meist nicht in Form eines zusammenhängenden DNA-Abschnittes, sondern von nichtcodierenden Regionen unterbrochen vor, die man **Introns** nennt. Codierende Sequenzen

mit der Information für die Synthese eines Polypeptids heißen dagegen **Exons**. Bevor deren Information umgesetzt werden kann, müssen die Introns durch Herausschneiden entfernt werden.
Zunächst wird die vollständige, auch die Introns enthaltende DNA-Sequenz in eine Vorstufe der RNA (die **prä-mRNA** oder das RNA-Primärtranskript) transkribiert. Diese wird am 5'-Ende mit einer sog. cap-Sequenz („Kappe") versehen, die u. a. die Bindung der Ribosomen an die mRNA erleichtert. Am 3'-Ende erhält das Primärtranskript eine lange Poly-Adenin-Kette (AAA ...), die gleichsam als „Schutzblock" den vorzeitigen Abbau der mRNA verhindert.
Anschließend werden die Introns entfernt. Diesen Vorgang nennt man **Spleißen** (Herausschneiden und Zusammenfügen). An den jeweiligen Nahtstellen zwischen Exons und Introns wird der Strang geöffnet, benachbarte Exons liegen frei und werden aneinandergebunden, sodass eine intronfreie codierende Sequenz, die fertige mRNA, entsteht. Dieser Vorgang der Entwicklung einer reifen mRNA bei Eukaryoten wird **Prozessierung** genannt.

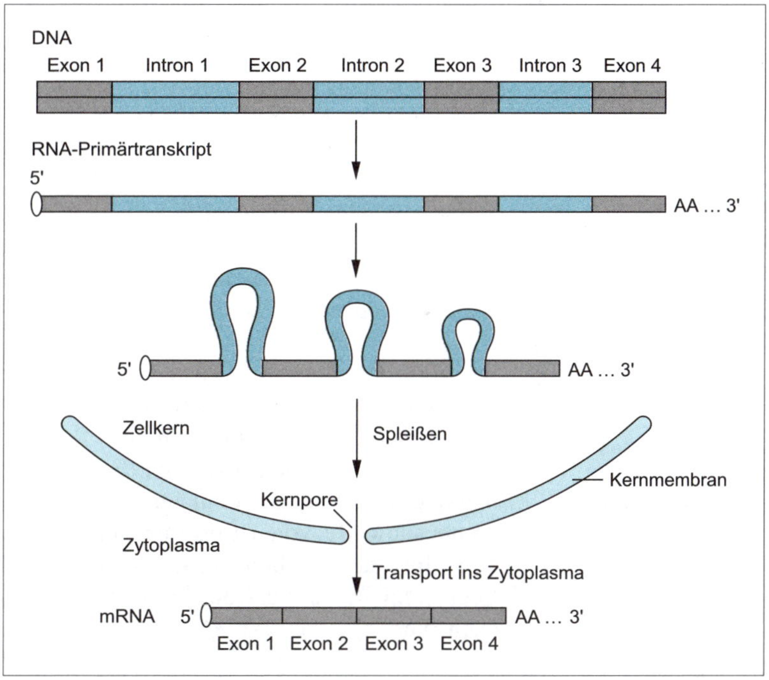

Abb. 44: Prozessierung der mRNA. Intronsequenzen werden bei der Transkription entfernt und die Exons zur reifen mRNA verbunden (Spleißen). Die mRNA wird anschließend aus dem Zellkern ins Zytoplasma transportiert.

4.4 Wie Mutationen ausgelöst werden

→ siehe Fluktuationstest S. 28 f.

Mutationen treten mit einer bestimmten, naturgegebenen Häufigkeit auf. Da zunächst kein äußerer Anlass dafür erkennbar ist, spricht man von Spontanmutationen. Allerdings lässt sich die natürliche Häufigkeit durch Außeneinflüsse **(Mutagene)** steigern, in erster Linie durch Strahlen und Chemikalien.

Mutagene → siehe S. 54

Ionisierende Strahlung

Kurzwellige elektromagnetische Strahlen mit einer Wellenlänge unter 200 nm sind sehr energiereich. Wenn sie auf Atome treffen, dann können sie einzelne Elektronen aus dem Atomverband herauslösen, wobei positiv geladene Ionen entstehen. Wegen dieser Wirkung spricht man auch von ionisierender Strahlung. Eine ionisierende Wirkung haben Röntgenstrahlen, aber auch Protonen, Neutronen sowie Alpha-, Beta- und Gamma-Strahlen radioaktiver Elemente. Schon seit langem ist bekannt, dass durch Röntgenstrahlen die Häufigkeit der Mutationen bei *Drosophila* erhöht wird. Es besteht ein eindeutiger linearer Bezug zwischen der Röntgendosis und der Mutationshäufigkeit (Abb. 45).

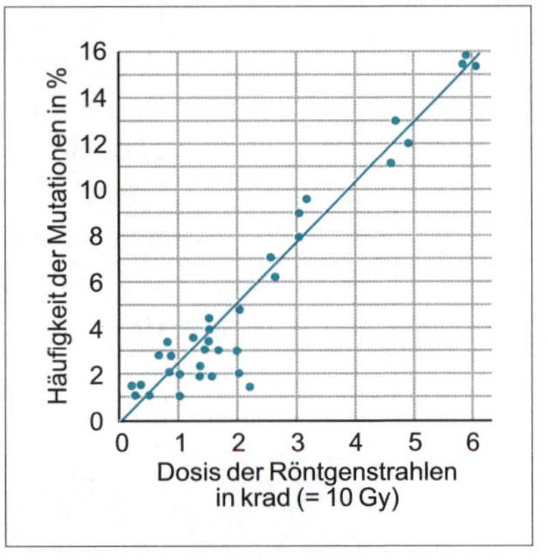

Abb. 45: Zusammenhang zwischen der Röntgendosis und der Häufigkeit von Mutationen bei *Drosophila*

Für die Abschätzung des Risikos sind die Dauer und die Intensität einer Strahlenexposition zu berücksichtigen. Erschreckende Auswirkungen auf den Menschen mussten nach Reaktorunfällen oder Atombombenabwürfen beobachtet werden. Beispielsweise registrierte man eine massive Zunahme an Leukämie bei den Überlebenden der Atombombenabwürfe von Hiroshima und Nagasaki (1945). Im Zeitraum von fünf bis 15 Jahren nach dem Abwurf stieg die Häufigkeit von Leukämiefällen um das 50- bis 100-Fache gegenüber dem ursprünglichen Wert.

Leukämie: Blutkrebs

SV bzw. **mSV** (Sievert bzw. Millisievert) sind Einheiten für die Bestimmung der Strahlenbelastung von Organismen, z. B. die Äquivalentdosis. Diese ist die Energiedosis multipliziert mit einem „Qualitätsfaktor", der die biologische Wirksamkeit der jeweiligen Strahlungsart angibt.

Die natürliche Strahlenbelastung aus dem Weltraum beträgt etwa 0,3 mSV im Jahr. Die zusätzliche Strahlung aus natürlichen terrestrischen Prozessen beläuft sich auf ca. 1,7. Dies ist u. a. die Ursache für die naturgegebene spontane Mutationsrate. Dazu kommen aber die vom Menschen verursachten Strahlenbelastungen: Kernkraftwerke, Atomwaffenversuche sowie medizinische Strahlenanwendung und andere Quellen. Diese zusätzliche Belastung beträgt zurzeit ebenfalls etwa 2 mSV pro Jahr. Legt man diese Zahlen zugrunde und überträgt die Erkenntnisse aus Tierexperimenten auf den Menschen, dann ergibt sich die sichere Erkenntnis, dass jede Erhöhung der Strahlenbelastung auch einen Anstieg der Mutationsrate zur Folge hat.

Radionuklid: Instabiles und damit radioaktives Nuklid

Natürliche Strahlenquellen	mSV
Kosmische Strahlung auf Meeresniveau	0,3
Terrestrische Strahlung:	
• äußerliche Bestrahlung	0,4
• Einatmen von Radon (und Folgeprodukten)	1,1
• sonstige innere Strahlung (Ingestion natürlicher Radionuklide)	0,3
Summe natürliche Strahlenquellen	~ 2

Künstliche Strahlenquellen	mSV
Medizinische Anwendungen	1,9
Kernkraftwerke (Normalbetrieb)	< 0,01
Folgen des Tschernobyl-Unfalls nach 25 Jahren	< 0,016
Atombombenversuche/Kernwaffentests	< 0,01
Sonstige künstliche Strahlung: • angewandte Strahlung in Forschung, Technik, Haushalt und berufliche Strahlenexposition	< 0,02
Summe künstliche Strahlenquellen	~ 2

Tab. 4: Effektive Dosen der Strahlungsquellen in mSV/a (Millisievert pro Jahr)

Energiereiche Strahlung verursacht Schäden durch Brüche in einem einzelnen oder in beiden DNA-Strängen, aber auch Veränderungen der Purin- und Pyrimidinbasen. Das Ergebnis eines Doppelstrangbruches kann z. B. eine Deletion sein. Durch Veränderungen innerhalb der DNA steigen die Häufigkeiten von Inversionen und Translokationen (siehe S. 84).

Chemikalien

Durch Experimente an Mikroorganismen und Versuchstieren hat man bereits eine große Anzahl von Chemikalien als krebserzeugend und/oder mutagen identifiziert.

Mutagen bedeutet Mutationen auslösend.

Oxidation ist die Abgabe von Elektronen.

Ein Vorgang, bei dem eine NH_2-Gruppe abgespalten wird, bezeichnet man als **Desaminierung**.

- **Salpetrige Säure:** Diese Säure bewirkt bei Bakterien eine Erhöhung der Mutationsrate („Nitritmutanten"). Ursache dafür ist eine Veränderung der DNA-Basen (Abb. 46), eine sogenannte oxidative Desaminierung. Auch wenn die Basensequenz durch diesen Eingriff nur ein einziges Mal verändert wurde, so bleibt die Veränderung dennoch bestehen, sobald sich die DNA repliziert. Im folgenden Beispiel (Abb. 46) wird Adenin zu Hypoxanthin (HX) desaminiert.

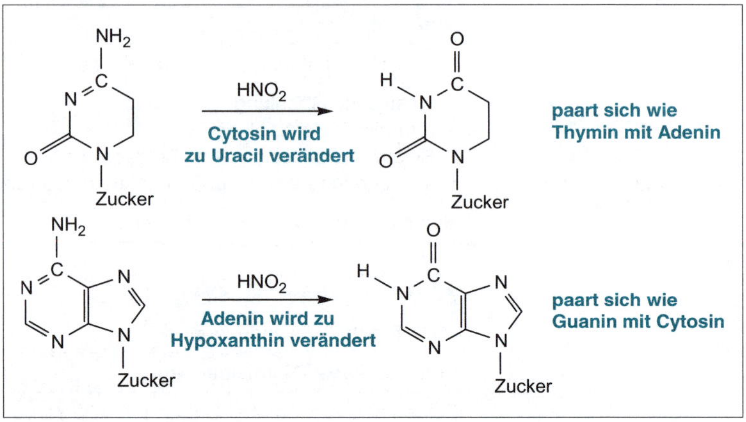

Abb. 46: Veränderungen an DNA-Basen durch salpetrige Säure

ursprüngliche DNA:	—A—T—A—T—G—C— —T—A—T—A—C—G—
Änderung von A in HX durch salpetrige Säure:	—A—T—HX—T—G—C— —T—A—T—A—C—G—
erste Replikation:	—A—T—A—T—G—C— —T—A—T—A—C—G—
	—A—T—HX—T—G—C— —T—A—**C**—A—C—G—
nächste Replikation:	—A—T—A—T—G—C— —T—A—T—A—C—G—
	—A—T—A—T—G—C— —T—A—T—A—C—G—
	—A—T—HX—T—G—C— —T—A—**C**—A—C—G—
	—A—T—G—T—G—C— —T—A—**C**—A—C—G—

Abb. 47: Folgen einer Veränderung der Base A zu HX durch salpetrige Säure

- **Basenanaloga:** Bei Mikroorganismen ist es möglich, in die DNA Substanzen einzubringen, die in ihrer chemischen Struktur den natürlichen DNA-Basen ähnlich sind (sogenannte Basenanaloga). Zum Beispiel paart sich **5-Bromuracil** (bU) mit Adenin und tritt damit an die Stelle des Thymins. Der Einbau von bU scheint zunächst keine Konsequenzen zu haben, da sich bU bei anschließenden Replikationen immer wieder mit Adenin paart. Auswirkungen ergeben sich aber, wenn die normalerweise vorliegende Keto-Form des bU durch eine spontan ablaufende tautomere Umlagerung vorübergehend in die Enol-Form übergeht (Abb. 48). Diese paart sich mit Guanin. Wurde einmal Guanin eingebaut, ist die Mutation fixiert, da Guanin stets eine Paarung mit Cytosin eingeht.

Keto- und **Enol**-Form unterscheiden sich nur durch die Stellung des H-Atoms: in Abb. 48 an der OH-Gruppe oder an der NH^+-Gruppe.

Tautomerie: Die Umwandlung eines Ausgangsstoffes durch ein bewegliches H-Atom in einen Stoff mit gleicher Summenformel

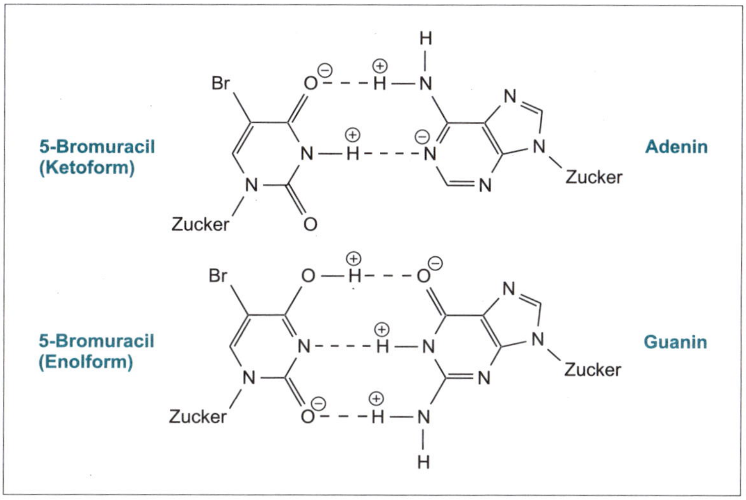

Abb. 48: Basenpaarung von 5-Bromuracil in der Keto- bzw. der Enolform

ursprüngliche DNA:	—A—T—A—T—G—C— —T—A—T—A—C—G—
Ersatz von T durch bU:	—A—T—A—T—G—C— —T—A—**bU**—A—C—G—
erste Replikation:	—A—T—A—T—G—C— —T—A—T—A—C—G—
	—A—T—**G**—T—G—C— —T—A—**bU**—A—C—G—
nächste Replikation (neben vier unveränderten Strängen):	—A—T—**G**—T—G—C— —T—A—**C**—A—C—G—
	—A—T—**G**—T—G—C— —T—A—**bU**—A—C—G—

Abb. 49: Folgen des Einbaus von Bromuracil in die DNA

- **Acridin:** Acridin-Farbstoffe wirken auf Bakterien und bei *Drosophila* stark mutagen. Das Farbstoffmolekül drängt sich zwischen benachbarte Nukleotide der DNA und nimmt den Platz einer zusätzlichen „Scheinbase“ ein. Wenn sich diese veränderte DNA repliziert, geht Acridin mit einem beliebigen Nukleotid eine Paarung ein. So kommt es zum Einschub einer zusätzlichen Base (Insertion) auf dem komplementären Strang.

ursprüngliche DNA:	— A — T — A — T — G — C — — T — A — T — A — C — G —
Einschub von Acridin:	— A — T — A — T — Ac — G — C — — T — A — T — A ——— C — G —
Basenpaarung:	— A — T — A — T — Ac — G — C — — T — A — T — A — T — C — G —
Austritt des Acridin:	— A — T — A — T ——— G — C — — T — A — T — A — T — C — G —
DNA mit zusätzlichem Basenpaar:	— A — T — A — T — **A** — G — C — — T — A — T — A — T — C — G —

Abb. 50: Folgen eines Einschubs von Acridin in die DNA

Das Acridin-Molekül kann auch bei der Replikation der DNA ein Nukleotid ersetzen. Da das falsch eingebaute Acridin bei der nächsten Replikation wieder entfernt wird, geht damit ein ganzes Basenpaar verloren (Deletion).

4.5 Arten von Genmutationen

Genmutationen sind Veränderungen im Bereich eines einzelnen Gens, d. h. in einer DNA-Sequenz, die für ein Merkmal codiert. Falls bei dieser Veränderung nur eine einzelne Base betroffen ist, spricht man von einer **Punktmutation**. Wird dabei eine Base durch eine andere ersetzt, handelt es sich um eine **Substitution**, wobei man nach Art der Base weiter differenziert: Wird eine Purinbase durch eine andere Purinbase (A/G) oder eine Pyrimidinbase durch eine andere Pyrimidinbase (T/C) ersetzt, spricht man von **Transition**. Tritt jedoch eine Purinbase an die Stelle einer Pyrimidinbase oder umgekehrt, spricht man von **Transversion**. Im Prinzip bleibt bei der Substitution das Leseraster der DNA erhalten.
Kommt bei der Punktmutation ein Basenpaar hinzu, nennt man das eine **Insertion**, wird ein Basenpaar entfernt, findet eine **Deletion** statt. In beiden Fällen führt das zu Störungen des Leserasters (siehe S. 41).

Ein weiterer Fall von Genmutation betrifft mindestens zwei Basen: Bei der **Inversion** wird ein Abschnitt der DNA herausgeschnitten und umgekehrt an derselben Stelle wieder eingefügt.

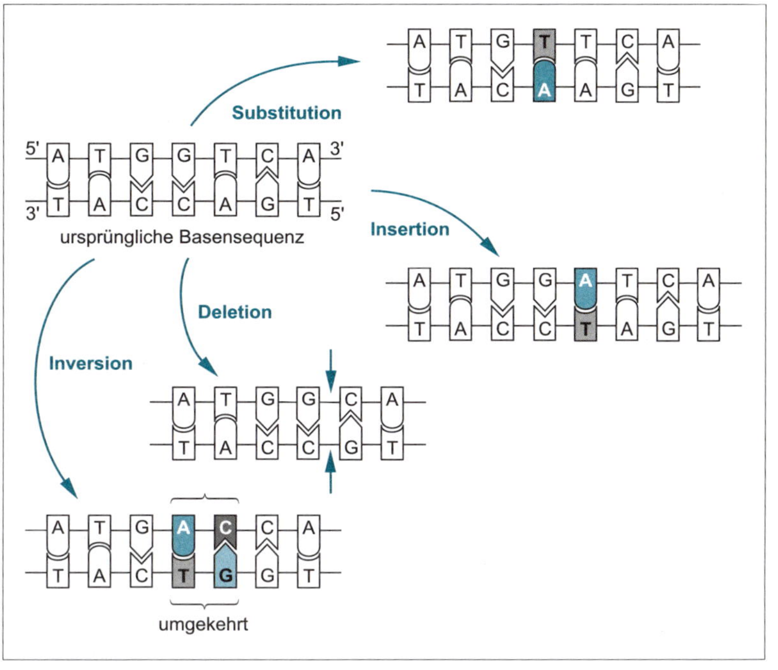

Abb. 51: Verschiedene Möglichkeiten der Veränderung der Basensequenz in der DNA durch Genmutation

4.6 DNA-Reparatur

Exzision: lat. *excidere* ausschneiden, heraushauen

Angesichts der vielen chemischen oder physikalischen Möglichkeiten einer DNA-Mutation ist es notwendig, dass es bei allen Organismen auch ein gut funktionierendes **Reparatursystem** gibt. Ein Beispiel dafür ist die **Nukleotid-Exzisionsreparatur**. Liegt ein beschädigtes Nukleotid vor, wird es von einem **Reparaturenzym** erkannt und „markiert“, indem neben dem beschädigten Nukleotid ein oder zwei Einzelstrangbrüche gesetzt werden. Danach wird das beschädigte Nukleotid mit dem Enzym Nuklease herausgeschnitten, und die Lücke mithilfe einer DNA-Polymerase am Muster des unbeschädigten Gegenstrangs aufgefüllt.
Für den Menschen spielt dieses Reparatursystem z. B. eine wichtige Rolle bei der Beseitigung von Hautschädigungen durch Sonnenlicht.

Menschen, denen das Enzym für die Exzisionsreparatur fehlt, leiden an UV-induzierten Hautkrebserkrankungen (**Xeroderma pigmentosum**, autosomal-rezessive Vererbung).
Bei anderen Reparaturmechanismen werden fehlerhafte Basen durch die richtige ersetzt **(Basen-Exzisionsreparatur)**, oder es werden strukturelle Änderungen rückgängig gemacht **(direkte Reparatur)**. Es kann sich aber auch um eine Korrektur von Fehlern handeln, die während der DNA-Replikation passieren **(Fehlpaarungsreparatur)**.

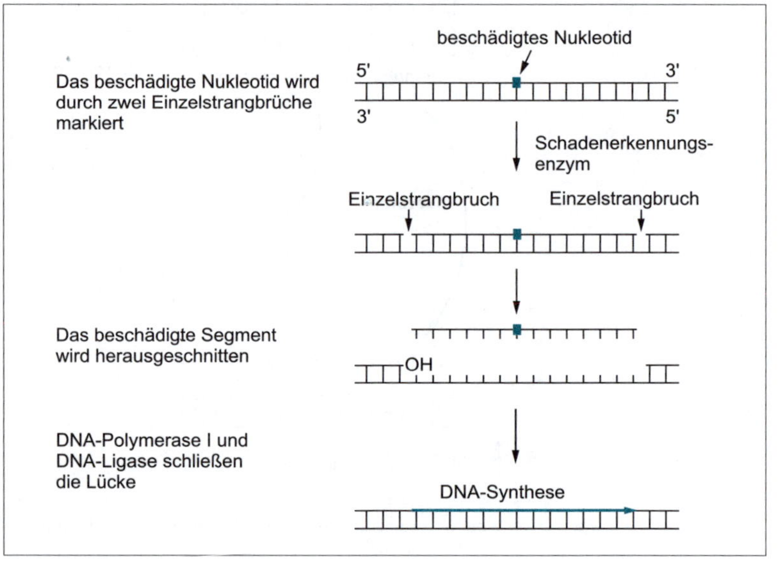

Abb. 52: Nukleotid-Exzisionsreparatur

4.7 Bedeutung der Mutationen für die Evolution

Rekombination → siehe S. 74

Mutationen in der DNA haben in vielen Fällen negative Auswirkungen. Es darf jedoch nicht übersehen werden, dass ohne die ständig auftretenden Spontanmutationen eine Evolution und Weiterentwicklung der Lebewesen nicht möglich wäre. Mutation und Rekombination bilden die Grundlage für eine reiche genetische Vielfalt und ermöglichen eine ständige Anpassung der Lebewesen an wechselnde Umweltbedingungen. Der natürlichen Selektion im Kampf ums Dasein steht somit ein breites Angebot an genetischen Varianten zur Verfügung. Genetische Vielfalt ist für die Stabilisierung der Art sowie für die Evolution der Organismen von grundlegender Bedeutung (stabilisierende und transformierende Selektion).

Zusammenfassung

- **Eiweißstoffe (Proteine)** stellen eine der wichtigsten chemischen Verbindungen der Lebewesen dar. Proteine spielen als Gerüst- und Baustoffe, aber auch in Enzymen und Antikörpern eine grundlegende Rolle.
- Proteine bestehen aus einzelnen **Aminosäure**-Bausteinen. Es gibt 20 verschiedene Aminosäuren, die in geradezu unerschöpflicher Vielfalt aneinandergereiht und verknüpft sein können. Die Art der chemischen Verknüpfung von Aminosäuren heißt Peptidbindung. Eine Kette aus 2 bis 100 Aminosäuren nennt man **Peptid** (z. B. Dipeptid, Tripeptid, Oligopeptid, Polypeptid), eine noch längere Kette von über 100 Aminosäuren heißt **Protein**.
- Die charakteristischen Eigenschaften der Proteine hängen in erster Linie von der Abfolge der Aminosäuren ab. Diese **Aminosäuresequenz** (Primärstruktur) ist für jedes Protein charakteristisch.
- **Raumstrukturen** verleihen den Proteinen eine zusätzliche Vielfalt, man kann je nach der Komplexität der Raumstruktur eine Sekundär-, Tertiär- oder Quartärstruktur unterscheiden.
- **Nukleinsäuren** sind die Träger der genetischen Information. Sie bestehen aus Zucker, Phosphorsäure und organischen Basen.
- Je nach der Art des beteiligten Zuckermoleküls unterscheidet man zwischen **Desoxyribonukleinsäure** (DNA) und **Ribonukleinsäure** (RNA). Desoxyribonukleinsäure bildet eine **Doppelspirale** (Doppelhelix), die durch Wasserstoffbrückenbindungen zusammengehalten wird. Ribonukleinsäure kommt nur als Einzelstrang vor.
- Desoxyribonukleinsäure kann identische Kopien von sich selbst herstellen. Man nennt den Vorgang **identische Replikation**.
- **Gene** verschlüsseln die Informationen für Enzymeiweiße und auch für Strukturеiweiße, in jedem Fall handelt es sich um Eiweißstoffe, d. h. Polypeptide. Ein Gen ist somit derjenige Abschnitt auf der DNA, der ein Polypeptid codiert.
- Grundlegende Erkenntnisse in der Molekulargenetik wurden mit **Bakterien** und **Viren**, bzw. **Phagen** gewonnen. Die leichte Vermehrung mit großer Individuenzahl, gut zu beobachtende Merkmale und gut zu untersuchende Mutationen machen Bakterien zu idealen Versuchsobjekten der Molekulargenetik.
- Bakterien können mittels isolierter DNA neue Eigenschaften erhalten. Der Vorgang, bei dem isolierte DNA auf ein Empfänger-Bakterium übertragen wird, heißt **Transformation**.
- Unter **Konjugation** versteht man die Übertragung von Genen zwischen Bakterienstämmen, einem Spender-Stamm und einem Empfänger-Stamm.
- **Proteinbiosynthese** ist die Herstellung von Protein auf Anweisung einer Nukleinsäure. Den Vorgang nennt man auch **Expression** eines Gens. Die Synthese der Proteine findet an den Ribosomen statt.

- Bei der Proteinbiosynthese spielen drei RNA-Arten eine Rolle: **rRNA** als Bestandteil der Ribosomen, **mRNA**, die eine Negativkopie der DNA darstellt, und **tRNA** als Träger- und Vermittlersubstanz für Aminosäuren.
- Die Verschlüsselung der genetischen Information (der **genetische Code**) besteht aus einer Kombination von drei aus den vier möglichen Basen der DNA. Eine solche Dreiergruppe stellt ein Codon dar, das eine Aminosäure verschlüsselt.
- Die Proteinbiosynthese lässt sich in zwei Abschnitte gliedern: Das Abkopieren der Basensequenzen von der DNA auf eine mRNA **(Transkription)** sowie das Übersetzen der Basensequenz der mRNA in eine Aminosäuresequenz des herzustellenden Proteins **(Translation)**.
- Verschiedene Mechanismen sorgen dafür, dass die genetischen Informationen zur rechten Zeit und am rechten Ort verwirklicht werden. Die wichtigsten davon sind die **Substratinduktion** und die **Endproduktrepression**. Dabei unterscheidet man Strukturgene, die beispielweise ein Enzym codieren und **Operatorgene**, die die Tätigkeit der **Strukturgene** kontrollieren. Direkt neben dem Operator liegt ein Promotor, von dem die Synthese der mRNA ausgeht. Promotor und Operator arbeiten zusammen: Ist der Operator aktiv, dann beginnt vom Promotor ausgehend die Transkription der **Strukturgene**. Außerdem kennt man **Regulatorgene**, die für ein Repressorprotein verantwortlich sind. Dieser Repressor hat die Eigenschaft, dass er Operatorgene erkennen und besetzen kann. Ein vom Repressor besetzter Operator ist blockiert.
- **Mutationen** treten mit einer bestimmten, naturgegebenen Häufigkeit auf. Diese lässt sich durch verschiedene äußere Einflüsse erhöhen. In erster Linie sind dies Strahlen und Chemikalien. Mutationen sorgen aber auch für genetische Vielfalt. Diese ist für die Stabilisierung der Art sowie für die Evolution der Organismen von grundlegender Bedeutung.

Zytogenetik

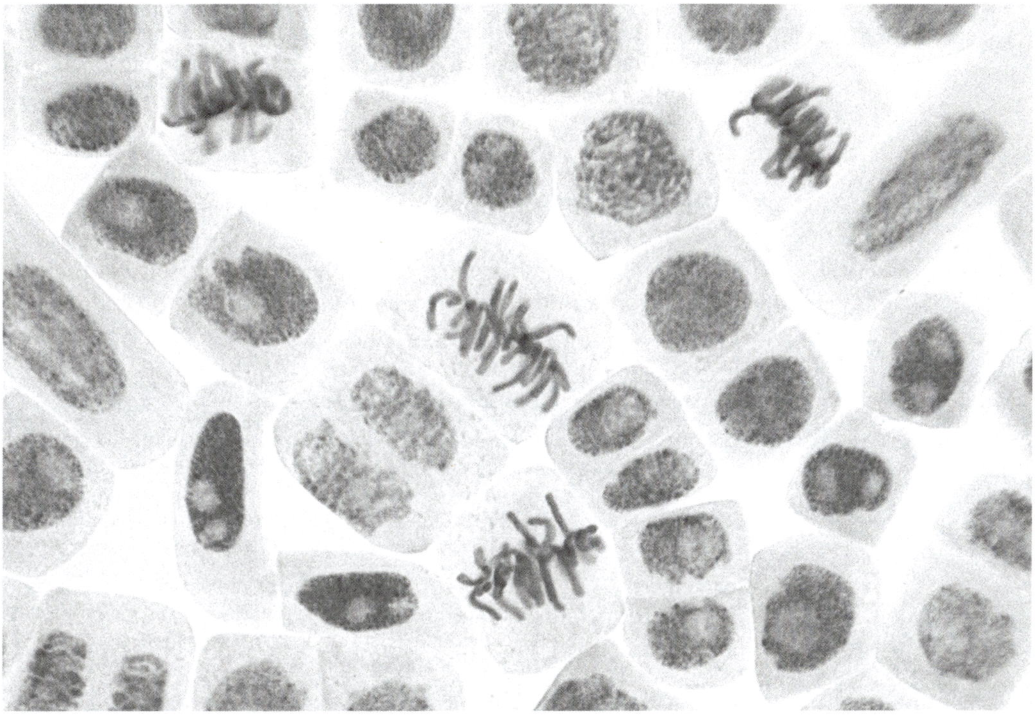

Fischzellen in verschiedenen Phasen des Zellzyklus. Die Zelle im Zentrum befindet sich beispielsweise in der Metaphase der Mitose, die Chromosomen sind in der Äquatorialebene angeordnet.

1 Zelle und Zellkern als Steuerzentrum

Bei Lebewesen mit Zellen, die einen ausgebildeten Zellkern besitzen, sprechen wir von Eukaryoten. Die Zelle bildet in zahlreichen morphologischen und funktionellen Abwandlungen den anatomischen und funktionellen Grundbaustein der Eukaryoten.

1.1 Die Bestandteile eukaryotischer Zellen

Im **Elektronenmikroskop** erreicht man Vergrößerungen bis zu 500 000-fach. Dies wird dadurch erreicht, dass anstelle der Lichtstrahlen des Lichtmikroskops Elektronenstrahlen verwendet werden. An die Stelle der optischen Linsen treten Magnetfelder.

Zellen sind die Grundbausteine aller höheren Lebewesen. Im Elektronenmikroskop werden verschiedene zelluläre Strukturen (Zellorganellen) sichtbar.

Zytoplasma: gr. *kytos* Höhlung, *plasma* Gebilde

Mitochondrien: gr. *mitos* Faden, *chondrion* Körnchen

ER: gr. *endon* innerhalb, lat. *reticulum* Netzchen

Ribosom: gr. *soma* Körper

Mikrotubuli: gr. *mikros* klein, lat. *tubulus* Röhrchen Mikrotubuli sind röhrenförmige Proteinstrukturen.

Zellorganell	Beschreibung und Funktion
Zellkern	Kugeliges oder ovales Zentrum, dessen Inhaltsstoffe, Nukleinsäuren (DNA) und Proteine als Kerngerüst in Form von Chromosomen (Kernkörperchen) angeordnet sind. Der Zellkern ist durch eine Doppelmembran mit Poren (Kernmembran) vom Zytoplasma abgegrenzt.
Zellmembran	Eine etwa 10 nm dicke Doppelmembran, meist bestehend aus Phospholipiden und Eiweiß, die für viele Stoffe selektiv durchlässig ist und eine wichtige Rolle für den Stoffwechsel einer Zelle spielt.
Mitochondrien	„Kraftwerke" der Zelle. Sie bestehen aus einer Doppelmembran, deren innere Membran röhren- und schlauchartige Einstülpungen aufweist, wodurch die Oberfläche stark vergrößert wird. Hier findet die Zellatmung statt, indem die bei der Atmung frei werdende Energie in Form von ATP (Adenosintriphosphat) bereitgestellt wird.
Endoplasmatisches Retikulum (ER)	Kanalsystem aus flachen Membranen und Hohlräumen, das nicht nur mit der Kernmembran assoziiert ist, sondern das ganze Zytoplasma durchzieht.
Ribosomen	Winzige Körnchen auf der Oberfläche des ER oder frei im Zellplasma, die für die Synthese von zelleigenem Eiweiß verantwortlich sind.
Golgi-Apparat	System aus abgeflachten Hohlräumen, die meist zu Stapeln angeordnet sind und der Sekretproduktion dienen.
Zentriol	Organell, bestehend aus Mikrotubuli, mit Stützfunktion und Bedeutung bei der Zellteilung.

Tab. 5: Die Organellen einer tierischen Zelle

Chloroplast: gr. *chloros* grün, *plastos* geformt

Thylakoid: gr. *thylakos* Beutel

Vakuole: lat. *vakuus* leer

Nukleolus: Bereich im Zellkern mit besonders hoher Dichte, Ort der RNA-Synthese

Die **Lysosomen** sind die Verdauungsorganellen einer Zelle.

Bei pflanzlichen Zellen finden wir zusätzliche Strukturen:

- **Chloroplasten:** linsen- bis kugelförmige Zellorganelle, die von einer Doppelmembran umschlossen sind, deren innere Membranseite nach innen zahlreiche Einstülpungen (Thylakoide) bildet. In den Thylakoiden sitzen die Chlorophyllmoleküle für die Fotosynthese.
- **Zellwand:** Zellhülle aus Zellulose, die der pflanzlichen Zelle Stabilität verleiht. Einlagerungen aus Lignin lassen die Zellwand verholzen und garantieren eine zusätzliche Verstärkung.
- **Vakuolen:** membranumschlossene Zellsafträume im Zytoplasma.

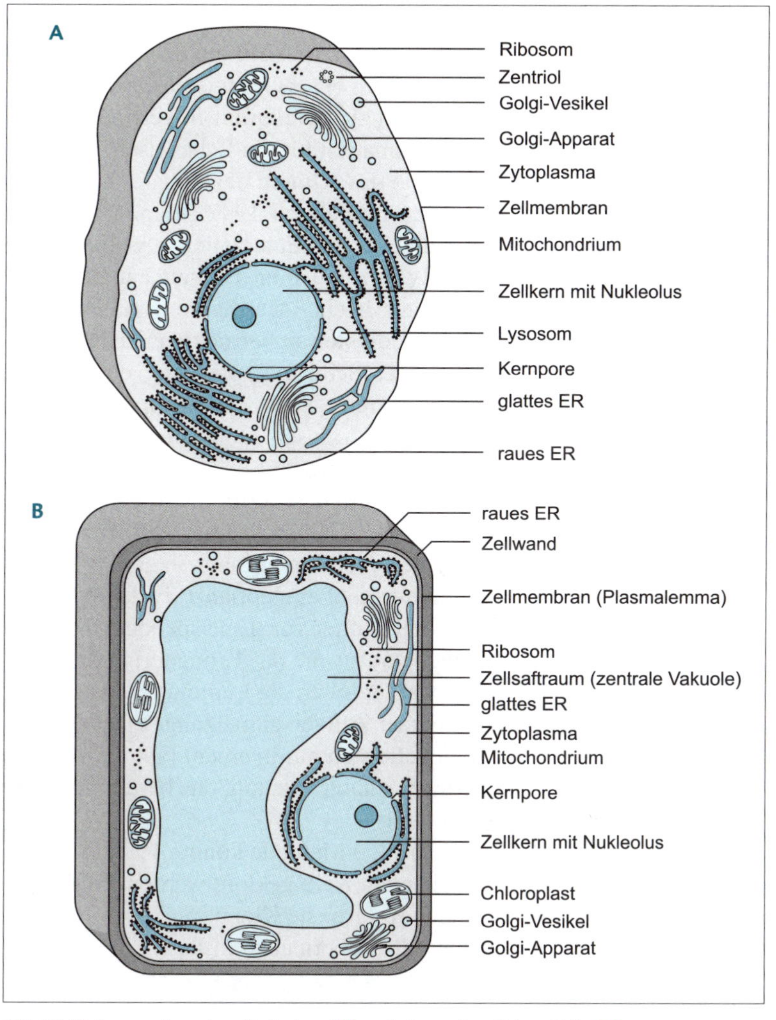

Abb.53: Zellorganellen einer tierischen (A) und einer pflanzlichen Zelle (B)

1.2 Bei Eukaryoten befindet sich die Erbinformation im Zellkern

Eine **Zygote** ist eine Zelle, die aus der Verschmelzung zweier **Gameten** (Keimzellen) bei der Befruchtung hervorgegangen ist.

Durch die Vereinigung einer Eizelle mit einem Spermium entsteht eine **Zygote**, von der sich alle Körperzellen des sich entwickelnden Organismus ableiten. Eine Eizelle enthält in der Regel viel, ein Spermium wenig Zytoplasma. Was das Kernmaterial betrifft, steuern die Keimzellen von Vater und Mutter annähernd gleich viel Material bei. Da bei der Merkmalsentfaltung eines Individuums Merkmale von Vater und Mutter durchschnittlich gleich häufig auftauchen, kann man schließen, dass die genetische Information für das Lebewesen nicht im Plasma, sondern im Zellkern der Zygote enthalten sein muss.

Da alle Zellen eines Organismus aus der Zygote durch Teilung hervorgehen, lässt sich weiterhin folgern, dass sie auch die **gesamte** genetische Information für ein Lebewesen enthalten. Dies bestätigen Experimente wie das **Klonen** des Schafes „Dolly", das schottischen Wissenschaftlern im Februar 1997 gelang (Abb. 54 und Abb. 55). Dazu wurden Zellkerne aus Euterzellen verschiedener Schafrassen (Poll Dorset, Black Welsh und Finn Dorset) entnommen, um die geborenen Lämmer später leicht identifizieren zu können. Zum Aufnehmen dieser Zellkerne dienten unbefruchtete Eizellen (Oozyten) aus den Eileitern schottischer Schwarzkopfschafe, deren ursprüngliche Kerne entfernt worden waren. Nach dem Einpflanzen der Euter-Zellkerne in die „fremden" kernlosen Oozyten wurde durch elektrische Impulse die Zellteilung angeregt.

Klon: Gruppe von erbgleichen Zellen oder erbgleichen Individuen. Der Begriff wird auch bei Gruppen von identischen DNA-Molekülen angewendet.
→ siehe S. 135

Die ersten Teilungsschritte fanden im Brutschrank in Nährlösungen statt, danach wurden die Embryonen in ein Leihmutterschaf eingepflanzt. Es lagen somit drei Mütter vor: Eine spendete die Eizelle, eine zweite das Erbmaterial, die dritte war lediglich die Leihmutter. Aus 277 solcher Zellverschmelzungen entwickelte sich nur in einem Fall ein überlebensfähiges Lamm, das berühmte Schaf Dolly.

Mit derselben Methode konnte 1998 in München ein Kalb geklont werden, bald folgten erfolgreiche Klonungsexperimente mit Kälbern auch in Japan.

Abb. 54: Dolly, das geklonte Schaf, mit seiner Leihmutter

Die **Zellkerne** einzelner **ausdifferenzierter** Zellen enthalten noch immer die **gesamte genetische Information**, die für die Ausbildung eines vollständigen Lebewesens notwendig ist.

Extrachromosomale Vererbung → siehe S. 107 ff.

In Ausnahmefällen kann auch das **Zytoplasma** genetische Informationen enthalten, die dann extrachromosomal vererbt werden.

Kultivierung bedeutet, dass Zellen durch optimale Wachstumsbedingungen zur Teilung angeregt werden.

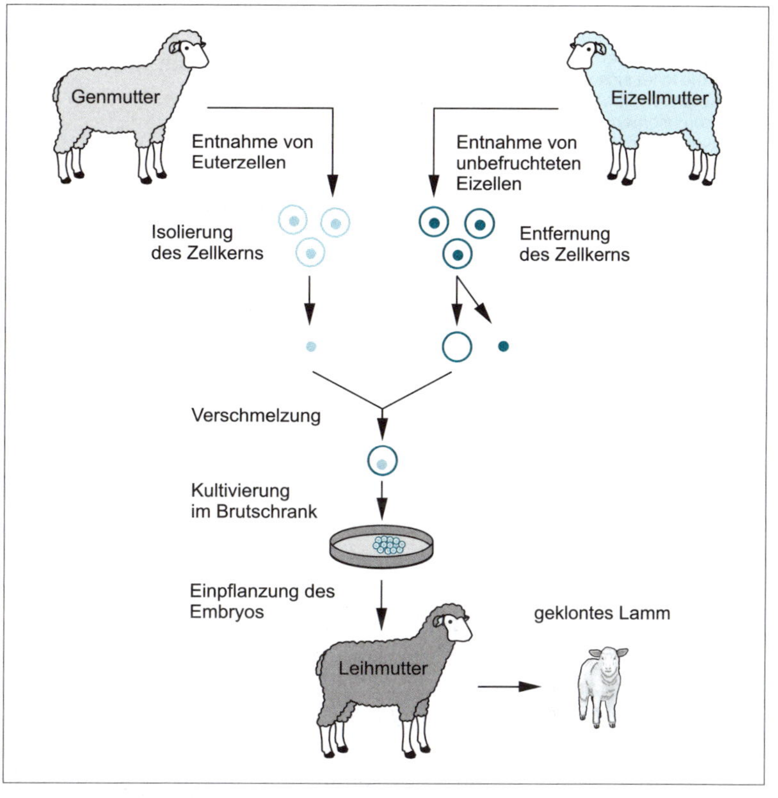

Abb. 55: Schema zum experimentellen Vorgehen beim Klonen. Ein isolierter Kern einer Körperzelle (hier Euterzelle) wird in eine kernlose Eizelle überpflanzt. Das Verschmelzungsprodukt wird zunächst im Brutschrank kultiviert und dann in die Gebärmutter eines Schafes (Leihmutter) eingebracht. Dort entwickelt sich der Embryo zum Schaf.

2 Eukaryoten haben Zellkerne und Chromosomen

Im Gegensatz zu Prokaryoten besitzt eine eukaryotische Zelle einen mikroskopisch deutlich erkennbaren **Zellkern**, ein kugelförmiges oder ovales Zentrum. Er enthält Nukleinsäuren (DNA) und Eiweißstoffe, angeordnet als Kerngerüst in Form von **Chromosomen**. Der Zellkern ist durch eine Doppelmembran mit Poren (Kernmembran) gegen das Zytoplasma abgegrenzt.

Chromosom: gr. *chroma* Farbe, *soma* Körper
Der Name leitet sich von der starken Anfärbbarkeit der Chromosomen in mikroskopischen Präparaten her.

2.1 Die Mitose – Zellen vermehren sich durch Teilung

Wenn Pflanze, Tier oder Mensch wachsen, müssen sich Zellen vermehren. Aber auch in einem ausgewachsenen Organismus werden abgestorbene Zellen ständig durch neue ersetzt. Das bedeutet, dass sich zunächst alle Zellorganellen einschließlich des Zellkerns mit seinen Chromosomen verdoppeln müssen. Anschließend wird das genetische Material streng geordnet in gleichen Anteilen auf die Tochterzellen verteilt. Der Vorgang der Kernteilung bei der Zellteilung heißt **Mitose**, der gesamte Vorgang der Zellteilung wird als **Zellzyklus** bezeichnet. Wenn man Zell- und Kernteilungen an teilungsaktiven Geweben mikroskopisch beobachtet, lassen sich folgende unterschiedliche Phasen unterscheiden (Abb. 56 und Kapitelbild S. 61):

Mitose: gr. *mitos* Faden

- **Prophase:** Bei einer Zelle, die sich zur Teilung anschickt, werden die bis dahin mikroskopisch nicht erkennbaren **Chromosomen** als faden- bis keulenförmige Gebilde sichtbar. Sie **kondensieren** und treten dadurch immer deutlicher hervor. Währenddessen löst sich die Kernmembran langsam auf. Das Zentriol (siehe S. 62 f.) der Zelle teilt sich und bildet einen sogenannten Spindelapparat.
- **Metaphase:** Die Chromosomen rücken einzeln in die Mitte der Zelle, in die **Äquatorialebene** des dreidimensionalen Spindelapparats. Die jeweils zentralen Regionen eines Chromosoms, die **Zentromere** (Kinetochore), stehen mit den Polen des Spindelfaserapparats in Verbindung. Die Kernmembran ist inzwischen vollständig abgebaut.
- **Anaphase:** Die Teilung der Zentromere eines jeden Chromosoms, die bereits in der Metaphase vorbereitet wurde, wird endgültig vollzogen. Die **Einchromatid-Chromosomen** wandern mithilfe des Spindelapparats zu den entgegengesetzten Polen der Zelle.
- **Telophase:** In dieser Teilungsphase bilden sich die Fasern des Spindelapparats zurück, die beiden neu entstandenen Zellen schnüren

Kondensation: Verdichtung des Chromatins
→ siehe S. 70

Bei höheren **Pflanzen**, denen das Zentriol fehlt, entsteht der Spindelapparat aus der sich auflösenden Kernmembran.

sich voneinander ab und um die beiden Kerne bildet sich wieder eine neue **Kernmembran**. Die Chromosomen werden zunehmend entspiralisiert, lang und dünn und damit mikroskopisch unsichtbar.

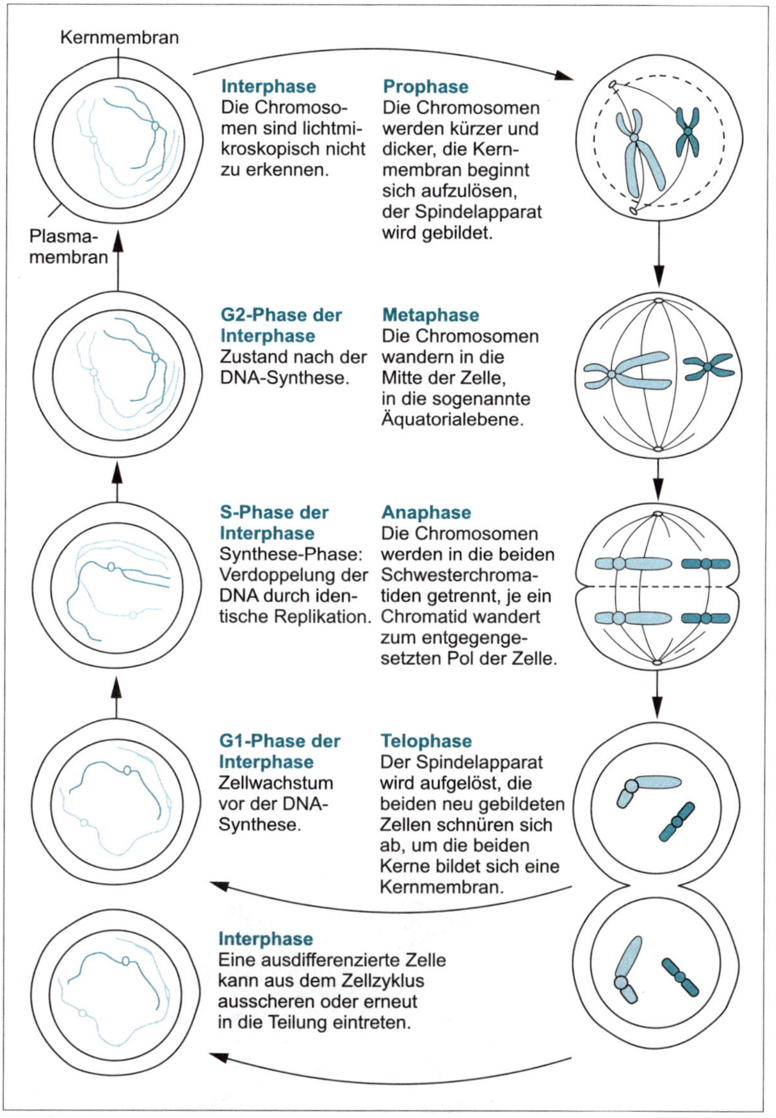

Abb. 56: Zellzyklus mit den Mitosestadien. Zur Verbesserung der Übersichtlichkeit sind nur zwei Chromosomen dargestellt.

- **Interphase:** Es liegen zwei neue vollständige Zellen vor. Diese können sich nun wieder teilen oder sich zu ausdifferenzierten Zellen entwickeln. Vergleicht man ein Chromosom in der Telophase mit einem Chromosom in der Prophase, wird offensichtlich, dass in der Interphase eine Verdoppelung des Chromosomenmaterials stattgefunden hat. Mit den üblichen mikroskopischen Methoden kann man diesen Vorgang nicht beobachten, radioaktive Markierungstechniken ermöglichen jedoch eine Untergliederung der Interphase:

G-Phase: engl. *gap* Lücke

S-Phase: Synthese-Phase

  G1-Phase: Vermehrung des Zytoplasmas, Bereitstellung von DNA-Bausteinen.
  S-Phase: Replikation der DNA, Bildung der Histone (S. 71).
  G2-Phase: Bereitstellung von Substanzen für die nächste Mitose.

Die Dauer der Abschnitte ist sehr variabel. Der gesamte Zyklus dauert – je nach Zellart – einige Stunden bis mehrere Tage.

> Die **Mitose** bezeichnet den Vorgang der Zellkernteilung einer eukaryotischen Zelle. Zusammen mit der sich anschließenden Plasmateilung (Zytokinese) bildet sie die Mitose-Phase des **Zellzyklus**, der durch die Interphase vervollständigt wird.

2.2 Die Chromosomen des Menschen werden sichtbar

Auch zur Darstellung menschlicher Chromosomen ist teilungsaktives Gewebe notwendig. Dieses erhält man, indem man **Lymphozyten** aus einem Tropfen Blut durch ein spezielles Kulturmedium zur Teilung anregt. Wenn die Mitosen bis zur Metaphase fortgeschritten sind, stoppt man die Teilung durch das Mitosegift Colchicin und bringt die Zellen auf einen Objektträger. Nach der Färbung werden die Chromosomen unter dem Mikroskop sichtbar.

Colchicin hemmt die Bildung des Spindelapparats und dadurch die Trennung der Schwesterchromatiden.

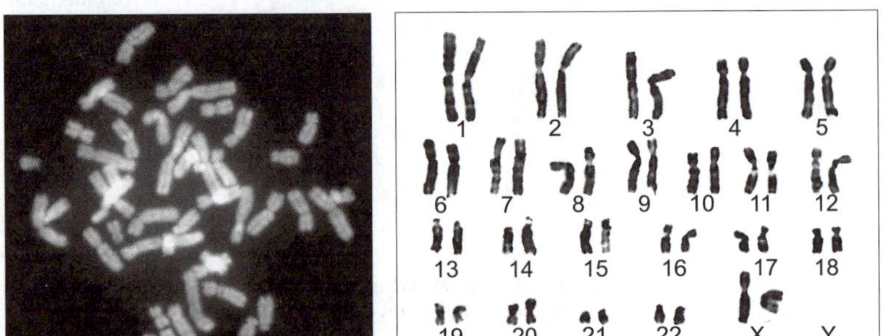

Abb. 57: Menschliche Chromosomen im Mikroskop: Ausschnitt einer ungeordneten Metaphaseplatte (links), geordnetes Karyogramm (rechts)

Die Präparate können nun bei starker Vergrößerung im Mikroskop betrachtet und fotografiert, sowie im Anschluss mit einer Bildbearbeitungssoftware ausgewertet werden. Dabei werden die einzelnen Chromosomen nach Größe, Lage des Zentromers, dem Bandenmuster und nach Zusammengehörigkeit geordnet. Endergebnis dieses Vorgangs ist ein sogenanntes **Karyogramm**.

Karyogramm: Durch die Nummerierung und Anordnung der Chromosomen in Gruppen ergibt sich ein übersichtliches Bild vom Chromosomenbestand der betreffenden Person.

2.3 Was Chromosomenbestände gemeinsam haben

Fasst man die Beobachtungen an Mitose- und Chromosomenpräparaten vieler Organismen zusammen, erhält man das folgende Bild:

- Chromosomen gehen stets aus Chromosomen hervor.
- Jeder Tochterkern enthält nach der Teilung die gleiche Anzahl an Chromosomen wie der Zellkern, aus dem er hervorgegangen ist.
- Chromosomen können eine individuelle Gestalt aufweisen (Pro-, Meta-, Ana-, Telophase), sie können aber auch entspiralisiert und damit scheinbar gestaltlos sein (Interphase).
- Chromosomen zeigen ein stets gleiches, charakteristisches Bandenmuster, an dem man sie individuell erkennen und unterscheiden kann.
- Chromosomen können als Einchromatid-Chromosomen (in der Ana- und Telophase) oder als Zweichromatid-Chromosomen (Pro-, Metaphase) vorkommen.
- Zwischen den Armen eines Chromosoms findet man häufig eine deutliche Einschnürung, das Zentromer. Dieses kann genau in der Mitte (metazentrisch), asymmetrisch (akrozentrisch) oder ganz am Ende des Chromosoms (telozentrisch) liegen.
- Alle Organismen haben eine arttypische Anzahl von Chromosomen.
- Die Chromosomen kommen in den Körperzellen aller sich sexuell fortpflanzenden Arten paarweise vor, jedes Chromosom hat seinen gleich aussehenden **homologen** Partner. Zellen mit dem doppelten Chromosomensatz werden als **diploid (2n)** bezeichnet. Weisen Zellen nur den einfachen Chromosomensatz auf (z. B. Keimzellen), bezeichnet man diese als **haploid (1n)**.
- Eine Ausnahme von der Homologie der Chromosomen bilden die Geschlechtschromosomen. Man nennt sie **Gonosomen**, alle übrigen Chromosomen heißen **Autosomen**. Beim Menschen liegen im weiblichen Geschlecht zwei homologe X-Chromosomen, im männlichen Geschlecht ein X- und ein Y-Chromosom vor.

Homologe Chromosomen: Paar von Chromosomen mit gleicher linearer Abfolge von Genen. Die Chromosomen des Paares können sich aber an den homologen Stellen in der jeweiligen Ausführung der Gene unterscheiden.
→ siehe auch Allel S. 91

Diploid: Ausstattung einer Zelle mit je zwei Exemplaren (2n) der einander entsprechenden Chromosomen

Haploid: Ausstattung einer Zelle mit je einem Exemplar (1n) der einander entsprechenden Chromosomen

	Anzahl der Autosomen	Gonosomen	Gesamtzahl der Chromosomen
Mann	44	XY	46
Frau	44	XX	46

Tab. 6: Übersicht über den Chromosomenbestand von Mann und Frau

- Ein Zusammenhang zwischen der Chromosomenzahl und der Organisationsstufe der Lebewesen ist nicht erkennbar.
- Verwandte Organismen haben oft eine ähnliche Anzahl an Chromosomen.

2.4 Chromosomen enthalten DNA und Proteine

Autoradiografie: Methode zum Nachweis radioaktiv markierter Stoffe durch Schwärzung eines röntgenstrahlenempfindlichen Films

Schwesterchromatiden: Die beiden Chromatiden eines Chromosoms, deren DNA-Basensequenzen identisch sind

Chromatin: Komplex aus DNA und Proteinen im Zellkern der Eukaryoten

Eine Vorstellung vom Bau eines Chromosoms (Abb. 58) erhält man durch eine Kombination von mikroskopischen, autoradiografischen und biochemischen Erkenntnissen. Die beiden Chromosomenhälften **(Schwesterchromatiden)** der Eukaryoten in der Metaphase bestehen jeweils aus einem durchgehenden DNA-Doppelstrang, der mit Histonproteinen und Nicht-Histon-Proteinen verbunden ist **(Chromatin)**.

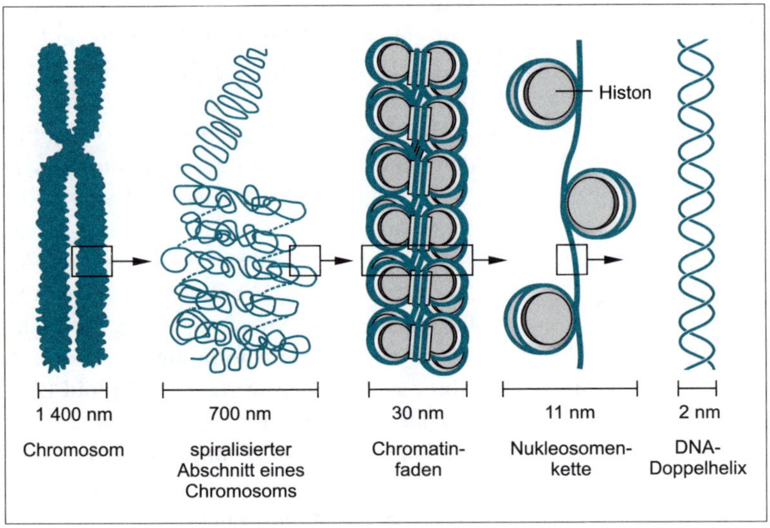

Abb. 58: DNA im Metaphase-Chromosom: Das Chromosom besteht aus zwei durchgehenden Chromatin-Fäden, den beiden Schwesterchromatiden. Das Chromatin selbst setzt sich aus DNA und Proteinen zusammen. Dabei ist die DNA jeweils um die Histone zu sogenannten Nukleosomen aufgewunden.

Genom: Die Gesamtheit aller Gene eines Organismus oder einer Zelle

Zellzyklus → siehe S. 66 ff.

Bei den Einchromatid-Chromosomen der Ana- und der Telophase liegt ein einzelner DNA-Doppelstrang (ebenfalls mit den Proteinen) vor. Das haploide **Genom** des Menschen, bestehend aus 22 Autosomen und zwei Gonosomen, umfasst etwa 3 Milliarden DNA-Basenpaare.
Bei der Verdoppelung der Chromosomen im Zellzyklus wird die DNA zunächst von den Histonen abgewickelt, bevor die DNA-Synthese und die Synthese neuer Histonproteine erfolgen. Dabei ist zu berücksichtigen, dass die Proteinsynthese nur im Zellplasma an den Ribosomen erfolgen kann. Somit müssen die neugebildeten Histone erst durch die Kernmembran wandern, bevor sie sich mit der im Zellkern replizierten DNA verbinden können.

Meiose (Reifeteilung): Vorgang, bei dem im Verlauf von zwei Zellteilungsschritten aus diploiden Zellen haploide Keimzellen entstehen

2.5 Meiose – Voraussetzung für eine geschlechtliche Fortpflanzung

Aus dem Befund, dass das Kernmaterial der diploiden Zygote zur Hälfte aus einem Spermium, zur anderen Hälfte aus einer Eizelle stammt, erschließt sich, dass Keimzellen nur mit einem einfachen Chromosomensatz ausgestattet sein können; sie müssen haploid sein. Der Vorgang, der die homologen (ehemals von Vater und Mutter stammenden) Chromosomen trennt und auf die Keimzellen verteilt, heißt **Meiose** oder **Reifeteilung**.

Die Meiose findet in den Keimdrüsen statt

Reifeteilungen können mikroskopisch z. B. an Keimdrüsengeweben von Tieren beobachtet werden. Wenn in den Hoden Spermien entstehen, sprechen wir von **Spermiogenese**, handelt es sich um die Bildung von Eizellen im Ovarium, von **Oogenese**. Bei Samenpflanzen spielen sich die Reifeteilungen in den Staubblättern (Pollenbildung) und in den Samenanlagen der Fruchtknoten (Eizellbildung) ab.
Der in Abb. 59 beschriebene Ablauf der Meiose gilt für die meisten höheren Organismen und auch für den Menschen. Bei einer Reihe von Tieren und Pflanzen treten aber auch erhebliche Abweichungen auf.

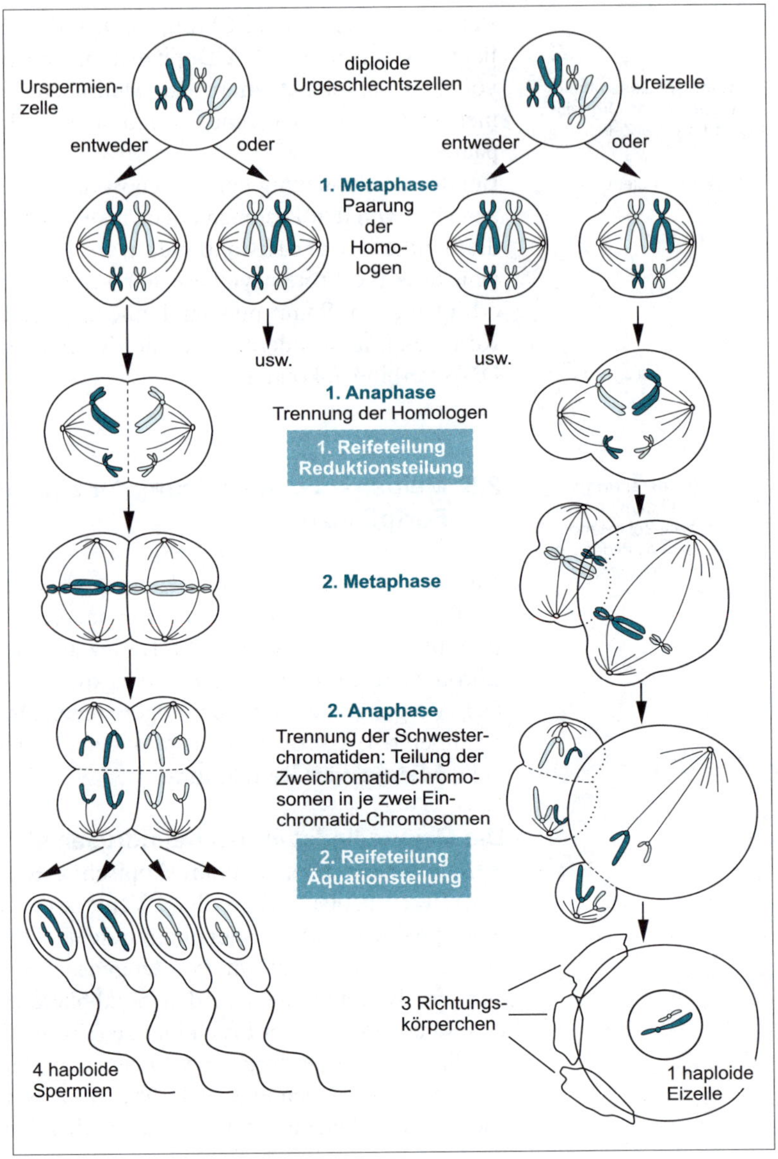

Abb. 59: Schema vom Ablauf der Meiose. Zur Verbesserung der Übersichtlichkeit sind jeweils nur zwei Chromosomenpaare dargestellt.

Spermatozyten: Diploide Zellen im Hoden, aus denen durch Meiose Spermien hervorgehen

Oozyten: Diploide Zellen im Ovarium, aus denen durch Meiose Eizellen hervorgehen

- **1. Reifeteilung (Reduktionsteilung):** Die Zellen der Keimdrüsen sind größtenteils diploid. Nur einzelne Zellen im Keimdrüsengewebe, die **Urgeschlechtszellen** (Spermatozyten oder Oozyten) schicken sich zu meiotischen Teilungen an. In diesen Zellen werden zu Beginn der 1. Reifeteilung die Zweichromatid-Chromosomen sichtbar (Prophase I). Wie bei der Mitose entsteht auch hier ein Spindelapparat. Dann paaren sich die homologen Chromosomen, d. h., jedes Chromosom „sucht" sich seinen homologen Partner, mit dem es sich in einer Reihe in der Äquatorialebene des Spindelapparats anordnet (Metaphase I). Wie sich die homologen Chromosomen „erkennen" und „finden" ist unbekannt.
  Wenn alle homologen Abschnitte der Partner gepaart sind, spricht man von der **Synapsis**, bei der zwei väterliche und zwei mütterliche Stränge parallel nebeneinander liegen. Vier solche Chromatiden zusammen nennt man auch eine **Tetrade**. Schließlich wandern die Chromosomen mit dem Zentromer voran zum Spindelpol, wobei jeweils ein homologes Chromosom vom anderen getrennt wird (Anaphase I). Danach liegen zwei Zellen mit jeweils haploiden Chromosomensätzen vor, wobei jedes Chromosom immer noch zwei Chromatiden enthält.

Synapsis: Phase der direkten Paarung homologer Chromosomen in der Metaphase

- **2. Reifeteilung (Äquationsteilung):** Die sich anschließenden Vorgänge entsprechen im Prinzip den Abläufen bei der Mitose, allerdings ohne vorangehende Replikation. Die einzelnen Phasen werden als Pro-, Meta- und Anaphase II bezeichnet. In der Telophase II sind die beiden Schwesterchromatiden eines jeden Chromosoms voneinander getrennt. Aus den entstandenen Teilungsprodukten bilden sich entweder vier Spermien (im männlichen Geschlecht), oder nur eine Eizelle (im weiblichen Geschlecht), da hier drei der vier Zellen als „**Richtungskörperchen**" verkümmern.

Richtungs- oder Polkörperchen: Drei aus der Meiose einer Oozyte hervorgehende Zellen, die sich gegen Ende der Meiose zurückbilden

1. Reifeteilung (Reduktionsteilung): Trennung der homologen Chromosomen
2. Reifeteilung (Äquationsteilung): Trennung der Schwesterchromatiden

Meiose bedeutet genetische Vielfalt

Neben der Reduktion des Chromosomensatzes von 2 n auf 1 n wird in der Meiose das Erbgut von Vater und Mutter vor dem Eintritt in die nächste Generation gemischt. Dafür gibt es zwei Ursachen:

- Es bleibt vollkommen dem **Zufall** überlassen, welches der beiden Homologen eines Chromosomenpaares bei der 1. Reifeteilung in die eine oder andere Spalthälfte wandert. Für jedes Homologenpaar entscheidet der Zufall aufs Neue, in welche Richtung jedes Chromosom gezogen wird. Je mehr homologe Chromosomenpaare vorliegen, desto mehr unterschiedlich ausgestattete Keimzellen sind auch möglich:

Anzahl der Chromosomenpaare	1	2	3 ...	23	n
Anzahl verschiedener Keimzellen	2	4	8 ...	8 388 608	2^n

- In der späten Prophase I beobachtet man häufig Überkreuzungen und Verschränkungen der Chromatiden homologer Chromosomen, sogenannte **Chiasmata**. Ein Chiasma ist der mikroskopisch beobachtbare Segmentaustausch zwischen väterlichen und mütterlichen Chromosomen. Vermutlich stülpen sich die DNA-Stränge zweier homologer Chromosomen bei der Synapsis aus und tauschen durch Bruch und gegenseitiges Zusammenwachsen das Erbgut aus (Crossing over).

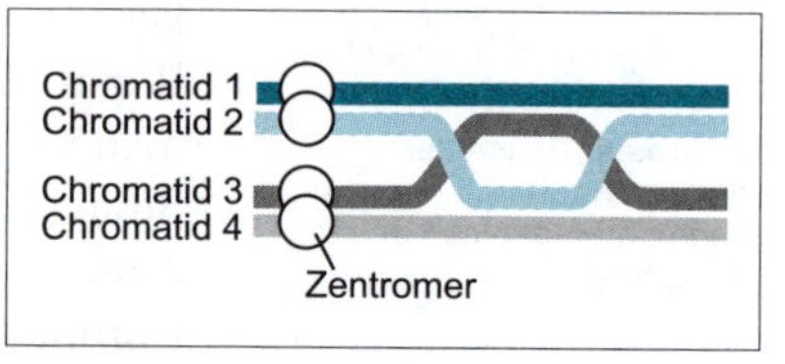

Abb. 60: Chiasmata bei einem homologen Chromosomenpaar

Chiasma (Mehrzahl Chiasmata): Überkreuzung von Nicht-Schwesterchromatiden homologer Chromosomen in der Prophase der Meiose

Crossing over: Vorgang, bei dem Abschnitte zwischen zwei homologen Chromosomen ausgetauscht werden

Rekombination: Verteilung und Neukombination von genetischem Material in den Zellen

Die zufällige Chromosomenverteilung und das Crossing over bewirken eine vollkommene **Durchmischung** und **Neukombination (Rekombination)** des Erbgutes bei der Bildung der Keimzellen und der anschließenden Befruchtung.

Die auf diese Weise gewährleistete genetische Vielfalt ermöglicht in Kombination mit den sich spontan ereignenden Mutationen des Erbguts eine ständige Anpassung der Lebewesen an wechselnde Umweltbedingungen. Der natürlichen Selektion im „Kampf ums Dasein" (CHARLES DARWIN) steht somit ein breites Angebot an genetischen Varianten zur Verfügung. Große genetische Vielfalt ist für die Stabilisierung des Genbestandes sowie für die Evolution der Organismen von grundlegender Bedeutung.

2.6 Junge oder Mädchen? – Der kleine Unterschied

Genotypische Geschlechtsbestimmung: Das Geschlecht wird zum Zeitpunkt der Befruchtung einer Eizelle von den Geschlechtschromosomen bestimmt.

Das Geschlecht wird meist genotypisch festgelegt

Aufgrund der unterschiedlichen Chromosomenausstattung von Mann (46, XY) und Frau (46, XX) entstehen bei der Meiose einer Frau ausschließlich Eizellen mit X-Chromosomen, bei einem Mann hingegen Spermien mit X- oder mit Y-Chromosomen. Je nachdem, welcher Spermientyp eine Eizelle befruchtet, entstehen XX- oder XY-Zygoten, also Mädchen oder Jungen.

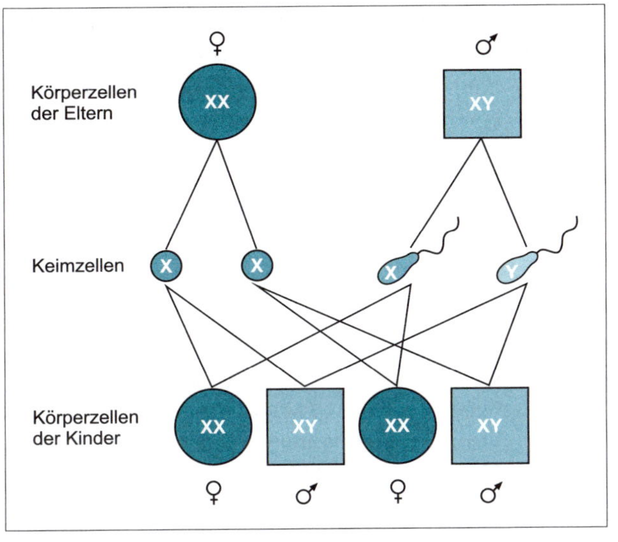

Abb. 61: Schema zur Geschlechtsbestimmung beim Menschen

Theoretisch wäre ein 1:1-Verhältnis der beiden Geschlechter zu erwarten. Tatsächlich werden aber auf 100 Mädchen 106 Jungen geboren. Offenbar werden mehr Eizellen von Y-Spermien befruchtet, vielleicht deshalb, weil diese etwas leichter und damit beweglicher sind.

weiblich	männlich	Beispiele
XX	XY	Mensch, Säugetiere, viele Frösche und Fische, Käfer, Wanzen, Zweiflügler
XY	XX	Vögel, Reptilien, Schwanzlurche
XX	X0	manche Wanzenarten, Heuschrecken, Libellen
X0	XX	einige Schmetterlingsarten

Tab. 7: Genotypische Geschlechtsbestimmung bei verschiedenen höheren Lebewesen

Die **Barr-Körperchen** wurden nach ihrem Entdecker (1949), dem kanadischen Anatom MURRAY BARR benannt.

MARY LYON und **LIANE RUSSELL** postulierten 1961 unabhängig voneinander die Inaktivierung eines X-Chromosoms.

Ein Teil der Zellkerne weiblicher Zellen weist am Rande ein kleines, dunkles Pünktchen, das sogenannte **Barr-Körperchen** auf, das bei männlichen Zellkernen fehlt. Es handelt sich dabei um ein inaktives X-Chromosom, das im verdichteten Zustand im Interphasekern vorliegt **(Lyon-Hypothese)**, das zweite X-Chromosom dagegen liegt im aktiven Zustand vor. Wahrscheinlich erfolgt die Inaktivierung bereits zwei Wochen nach der Bildung einer weiblichen Zygote. Welches der beiden X-Chromosomen im Einzelfall inaktiviert wird, bleibt dem Zufall überlassen.

Auch die Umwelt kann das Geschlecht beeinflussen

Phänotypische Geschlechtsbestimmung: Das Geschlecht eines Lebewesens wird von Umweltfaktoren bestimmt.

Wenn die Ausbildung des Geschlechts von Umweltfaktoren abhängt, dann spricht man von **phänotypischer Geschlechtsbestimmung**. Beispielsweise schlüpfen beim Igelwurm *Bonellia viridis* aus den Eiern ca. 1 mm lange Larven, die sich zunächst freischwimmend bewegen. Falls eine Larve nicht auf ein *Bonellia*-Weibchen trifft, setzt sie sich nach einiger Zeit auf dem Grund des Meeres ab und wächst zu einem Weibchen von 15–20 cm Länge heran. Trifft sie jedoch zufällig auf den Rüssel eines Weibchens, dann entwickelt sie sich zu einem nur 3 mm großen Männchen, das zunächst in den Vorderdarm des Weibchens eindringt und schließlich den Rest seines Lebens im Geschlechtstrakt des Weibchens verbringt. Nimmt man eine am Rüssel sitzende Larve vorzeitig ab, dann entwickelt sie sich zu einem Zwitter, dessen Gestalt je nach dem Zeitpunkt der Entfernung vom Rüssel unterschiedlich ist.

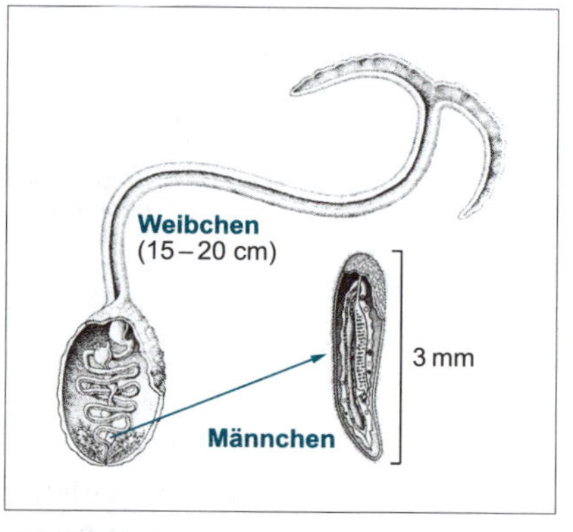

Abb. 62: Geschlechtsdimorphismus bei *Bonellia viridis*

Störungen der Geschlechtsentwicklung beim Menschen

Eine **intersexuelle** Person kann keinem Geschlecht eindeutig zugeordnet werden.

Echter Zwitter: Person ohne eindeutig ausgebildete Gonaden

Auch beim Menschen gibt es Fälle, in denen man eine Person nicht eindeutig dem weiblichen oder männlichen Geschlecht zuordnen kann. Man spricht dann von **Intersexualität**, wobei man zwischen echten Zwittern und Scheinzwittern unterscheiden kann.

- **Echte Zwitter** (Hermaphroditen) besitzen gleichzeitig Hoden- und Ovariengewebe, unter Umständen in Form von Mischgonaden. Das Kerngeschlecht kann XX, XY oder in einigen Fällen ein Mosaik aus XX- und XY-Zellen sein. Ein solches Mosaik entsteht, wenn es in

den mitotischen Teilungen der frühen Embryonalentwicklung zu Abweichungen bei der Verteilung der Chromosomen kommt.
Die Geschlechtsorgane bleiben in der Entwicklung meist auf einem embryonalen Zustand stehen, das äußere Erscheinungsbild kann zwittrig oder eindeutig männlich oder weiblich sein.

Scheinzwitter: Das Kerngeschlecht ist eindeutig, aber die Geschlechtszuweisung nicht eindeutig.

- **Scheinzwitter** (Pseudohermaphroditen) haben stets ein eindeutiges Kerngeschlecht, entweder XX oder XY. Auch die Keimdrüsen sind eindeutig entweder Hoden oder Ovarien. Es besteht jedoch eine Diskrepanz zwischen inneren und äußeren Geschlechtsmerkmalen. Die abweichende Entwicklung geht auf eine Unregelmäßigkeit bei der Ausdifferenzierung der Geschlechtsmerkmale zurück.

Bisexuelle Potenz: Die Fähigkeit einer Zygote, sich zum männlichen oder weiblichen Geschlecht zu entwickeln

Offensichtlich besitzt jeder Mensch auf den Autosomen die Information für beide Geschlechter, eine **bisexuelle Potenz**. Die Information auf den Geschlechtschromosomen entscheidet also darüber, welcher Teil der bisexuellen Potenz verwirklicht wird. Enzym- und/oder Hormonstörungen können diese Verwirklichung beeinflussen, sodass es zu Abweichungen in der Geschlechtsentwicklung kommt. Bei der Androgenresistenz z. B. reagieren die genetisch männlichen Personen nicht auf die männlichen Hormone. Stattdessen bewirkt die geringe Menge weiblicher Hormone des männlichen Geschlechts, dass sich die Genitalien äußerlich weiblich differenzieren.

Welches Geschlecht sich aus einer Zygote entwickelt, hängt von den **Genen** (genotypische Geschlechtsbestimmung) **oder von Umweltfaktoren** (phänotypische Geschlechtsbestimmung) ab. Störungen in der Geschlechtsentwicklung beruhen auf Abweichungen in der genetischen Information oder bei ihrer Verwirklichung.

3 Abweichungen vom normalen Chromosomenbestand

3.1 Die Anzahl der Chromosomen kann verändert sein

Ist die Gesamtzahl der Chromosomen verändert, spricht man von einer **numerischen Chromosomenaberration (= Genommutation).** Diese kann die Autosomen oder die Gonosomen betreffen. Des Weiteren kann man zwischen einer **Aneuploidie** (= Heteroploidie) und einer **Euploidie** unterscheiden.

Bei **Aneuploidie** liegen **einzelne** Chromosomen in zu hoher oder zu geringer Anzahl vor.

Bei **Euploidie** liegen ganze **Chromosomensätze** zu viel vor.

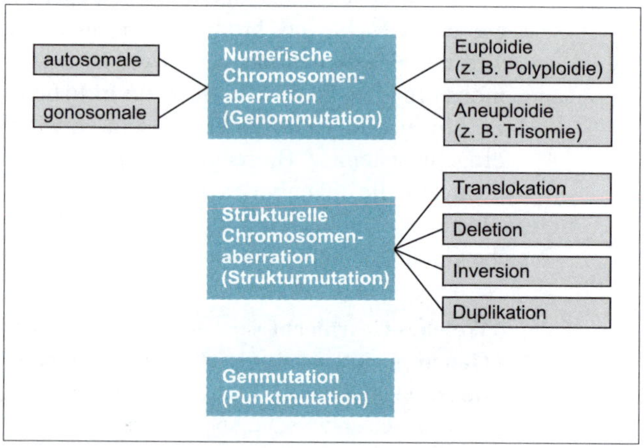

Abb. 63: Verschiedene Arten von Mutationen

Translokation: Bruchstückaustausch zwischen nicht-homologen Chromosomen → siehe S. 84 f.

Deletion: Verlust einzelner Chromosomenteile → siehe S. 84 f.

Inversion: Umgekehrtes Einwachsen eines Chromosomenbruchstücks

Duplikation: Ein bestimmtes Chromosomensegment kommt im Chromosom zweifach vor.

3.2 Autosomale Genommutationen beim Menschen am Beispiel der Trisomie 21 (Down-Syndrom)

John Langdon Down: Englischer Arzt, der 1866 zum ersten Mal das nach ihm benannte Syndrom beschrieb

Syndrom: Gruppe von klinischen und anatomischen Merkmalen, die ursächlich zusammengehören

Die Symptomatik des Down-Syndroms umfasst verschiedene kognitive und körperliche Besonderheiten wie z. B. verminderte Intelligenz, schrägstehende Augen, eine kurze Nase, eine dicke Zunge bei häufig geöffnetem Mund, ein niedriger Ohransatz und kurzfingrige Hände. Aufgrund angeborener Herzfehler und erhöhter Infektionsanfälligkeit war die Lebenserwartung der Betroffenen früher deutlich herabgesetzt. Durch moderne medizinische Versorgung erreichen Personen mit Down-Syndrom heute meist das Erwachsenenalter. Bei frühzeitiger, intensiver und liebevoller Betreuung kann die Intelligenzentwicklung von Trisomie-21-Kindern sehr günstig beeinflusst werden.

Andere Ursache für Trisomie → siehe Strukturmutationen S. 84 f.

Non-Disjunction: Fehlerhafte Nicht-Trennung von Chromosomen. Während der ersten Reifeteilung kann die Trennung der homologen Chromosomen, bei der zweiten Reifeteilung die Trennung der Schwesterchromatiden betroffen sein.

In den meisten Fällen von Trisomie findet man in allen Zellkernen 47 Chromosomen. Ursache dafür ist eine Nicht-Trennung **(Non-Disjunction)** eines Chromosomenpaares in der Meiose eines Elternteils (Abb. 65). Man spricht dabei von **„freier Trisomie“**, da das zusätzliche Chromosom unverbunden vorliegt.
Bei 2 % der Trisomie-Fälle tragen nur manche Körperzellen das Chromosom dreifach (Mosaik-Trisomie 21). Hier haben sich die Chromosomen 21 bei der Mitose einzelner Zelllinien des Embryos nicht gleichmäßig verteilt.

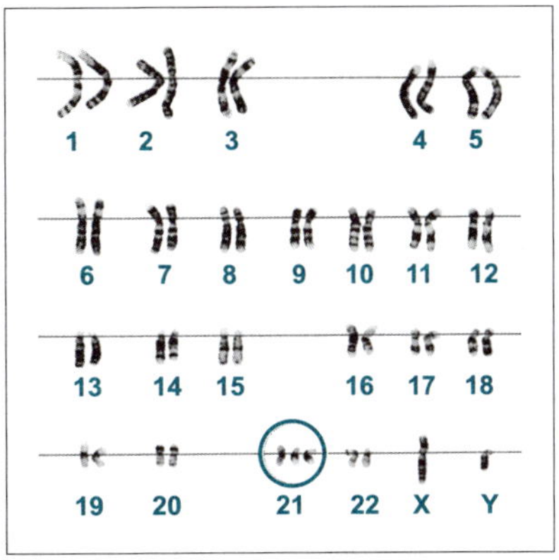

Abb. 64: Karyogramm bei Trisomie 21.

Alter der Mutter	Trisomie 21-Geburten: Gesamtzahl der Geburten	Angaben in Prozent
10 –19	1 : 2 370	0,04
20 – 24	1 : 1 600	0,06
25 – 29	1 : 1 200	0,08
30 – 34	1 : 870	0,11
35 – 39	1 : 300	0,33
40 – 44	1 : 100	1,00
über 45	1 : 46	2,17

Tab 8: Die Häufigkeit der Trisomie-21-Geburten steigt mit zunehmendem Alter der Mutter. Die Abhängigkeit vom Alter des Vaters ist weniger deutlich ausgeprägt.

Disom: Von dem oder den betreffenden Chromosom/en sind in der Zelle zwei vorhanden.

Trisom: Von dem oder den betreffenden Chromosom/en sind in der Zelle drei vorhanden.

Die meiotische Non-Disjunction kann sich in der 1. oder 2. Reifeteilung abspielen. Trifft eine auf diese Weise entstandene disome Keimzelle mit einer „normalen“ Keimzelle des anderen Geschlechts zusammen, entsteht eine trisome Zygote. Moderne Chromosomen-Färbemethoden weisen nach, dass sich die Non-Disjunction in etwa zwei Dritteln der Fälle bei den Müttern der Patienten ereignet und in einem Drittel bei deren Vätern.
Weitere Trisomien sind z. B. für die Chromosomen 18 und 13 bekannt. Sie äußern sich durch schwere körperliche Fehlbildungen im Gesicht, an den Extremitäten und an den inneren Organen. Kommt eine Non-Disjunction bei anderen Chromosomen vor, wird die Zygote meist nicht ausgetragen, sondern stirbt bereits im frühen Stadium ab.

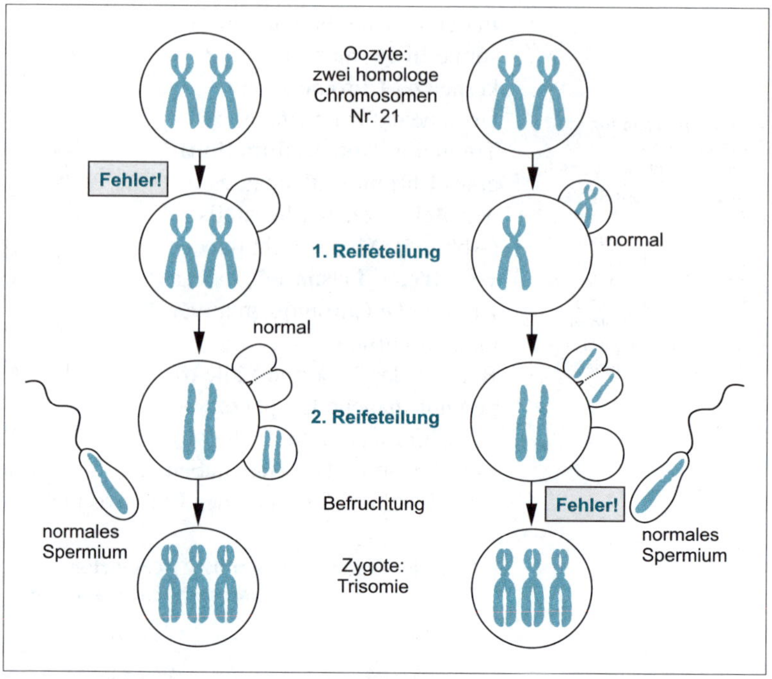

Abb. 65: Zwei Möglichkeiten der Non-Disjunction, links in der ersten, rechts in der zweiten Reifeteilung der Meiose einer Frau. Das Ergebnis ist in beiden Fällen eine Eizelle mit zwei Chromosomen Nr. 21. Wenn bei der Befruchtung mit einem regulären Spermium ein weiteres Chromosom Nr. 21 hinzutritt, entsteht eine Zygote mit Trisomie 21. In entsprechender Weise wäre es auch möglich, dass eine „normale" Eizelle mit einem disomen Spermium zusammentritt. Das Ergebnis wäre auch hier eine trisome Zygote.

3.3 Gonosomale Genommutationen beim Menschen

Störungen während der Meiose können beim Menschen Abweichungen in der Anzahl der Geschlechtschromosomen zur Folge haben.

- **Turner-Syndrom (45, X0):** Es handelt sich dabei um Frauen, die meist etwas kleiner als der Durchschnitt sind und oft einen flügelartig verbreiterten Hals („Flügelfell") aufweisen. Manchmal wird das Turner-Syndrom erst entdeckt, wenn im betreffenden Alter die Menstruation ausbleibt, denn diese Mädchen sind meist durchschnittlich intelligent und verhalten sich unauffällig. Obwohl sie sich äußerlich von gesunden Frauen kaum unterscheiden, können sie dennoch keine Kinder bekommen, da ihre Ovarien nicht zur Eizellbildung fähig sind.
- **Klinefelter-Syndrom (47, XXY):** Männer mit diesem Genotyp sind in ihren kognitiven Fähigkeiten und in der körperlichen Entwick-

lung beeinträchtigt. Häufig sind sie von großer Gestalt mit langen Armen und Beinen. Manche weisen auch weibliche Merkmale auf, andere wirken völlig unauffällig. Die Hoden von Klinefelter-Männern sind klein und bleiben zeitlebens funktionsunfähig. Die Zellkerne weisen wie bei Frauen ein Barr-Körperchen auf. Neben dem genannten XXY-Typ gibt es auch Männer mit dem Klinefelter-Syndrom mit den Karyotypen 48, XXXY und 49, XXXXY, die körperlich und kognitiv stärker beeinträchtigt sind.

- **XXX-Trisomie (47, XXX) und Poly-X-Frauen:** Frauen mit diesem Syndrom besitzen funktionelle Ovarien und können somit Kinder bekommen. Eine höhere Zahl an X-Chromosomen geht mit einer zunehmenden Intelligenzminderung einher. Die Zahl der Barr-Körperchen ist vermehrt, bei XXXX-Frauen liegen beispielsweise drei Barr-Körperchen vor.
- **XYY-Trisomie (47, XYY), Diplo-Y-Syndrom:** Die betroffenen Männer sind meist relativ groß, ihre Hoden sind normal entwickelt und funktionsfähig. Ihr zusätzliches Y-Chromosom wird nicht an die Nachkommen weitergegeben, offenbar wird es bei der Spermiogenese eliminiert.

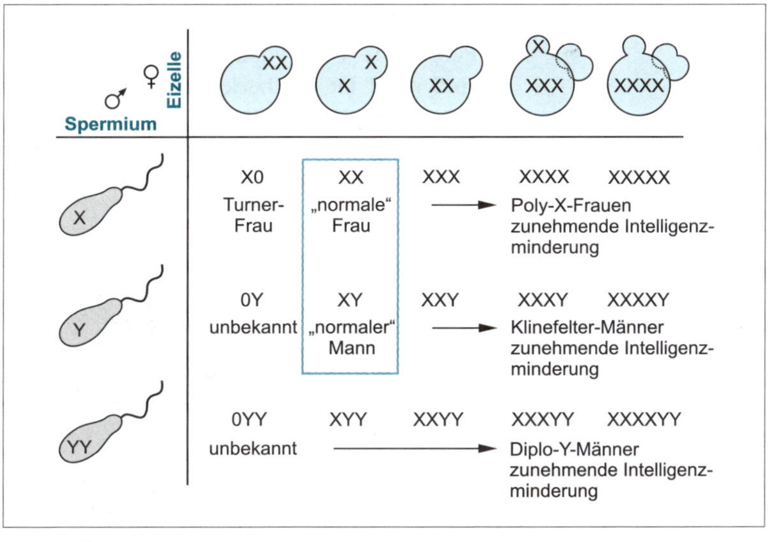

Abb. 66: Übersicht über die Entstehungsmöglichkeiten der häufigsten gonosomalen Genommutationen

3.4 Polyploidie

Polyploidie: Vervielfachung ganzer Chromosomensätze

Treten ganze Chromosomensätze mehrfach auf, spricht man von Polyploidie, z. B. von Triploidie bei drei Chromosomensätzen oder Tetraploidie bei vier Chromosomensätzen.

- Polyploidie kommt bei **vielen Pflanzen** natürlicherweise vor oder wurde vom Menschen durch Züchtung herbeigeführt. Die meisten unserer Kulturpflanzen wie Weizen, Kartoffel, Tomate, Mais u. a. sind polyploid. Der mehrfach vorhandene Chromosomensatz resultiert in größeren Zellen und somit auch größeren Früchten. Die größere Widerstandsfähigkeit polyploider Pflanzen zeigt sich u. a. daran, dass in Gebieten mit ungünstigen Klimaten polyploide Pflanzen viel häufiger vorkommen als in milden Klimaten. Im kalten Klima Spitzbergens sind z. B. 76 % der Pflanzen polyploid, in Zentraleuropa nur 50 %.
- Bei **Tieren** ist Polyploidie seltener, sie kommt allerdings regelmäßig bei einigen Arten der Amphibien, Reptilien und Fische (z. B. der Forellenartigen) sowie bei Wirbellosen wie Tellerschnecken, Blutegeln und Garnelen vor.
- Triploide Embryonen beim **Menschen** entstehen durch die „fehlerhafte“ Befruchtung einer Eizelle mit zwei Spermien (Dispermie). Polyploide Embryonen weisen schwerste Missbildungen auf und sind nicht lange überlebensfähig; meist kommt es schon während der ersten vier Schwangerschaftsmonate zu Abgängen. Andererseits findet man regelmäßig polyploide Zellen in der Herzmuskulatur, in der Leber und im Gehirn (Hypophysenvorderlappen) des Menschen.

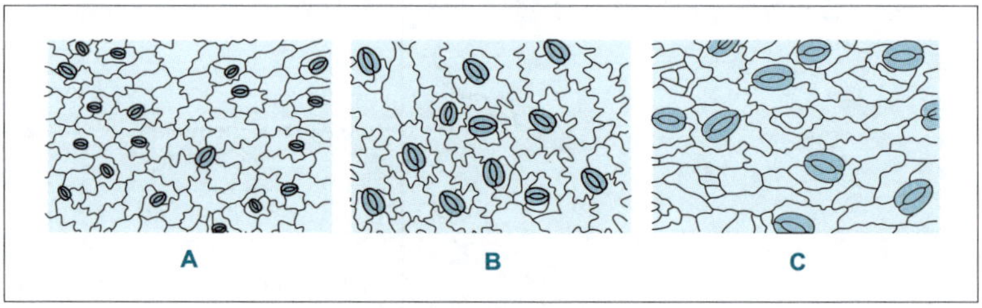

Abb. 67: Untere Epidermis eines Laubblattes der Tabakpflanze. Mit zunehmendem Ploidiegrad kann man eine Zunahme der Zellgröße, besonders der Spaltöffnungen beobachten: (A) diploid, (B) tetraploid, (C) octoploid

Zur Entstehung von Polyploidie gibt es grundsätzlich zwei verschiedene Möglichkeiten:

Autoploidie: Der eigene Chromosomensatz kommt mehr als zweimal in den Zellen vor.

- **Auto(poly)ploidie** ist die Vervielfachung des gesamten arteigenen Chromosomensatzes (A), sodass z. B. AA zu AAA oder AAAA wird. Sie lässt sich an Pflanzenzellen experimentell durch **Colchicin** auslösen, das durch eine Störung des Spindelapparats die Verteilung der Chromosomen auf die Tochterzellen beeinflusst. Eine geschlechtliche Fortpflanzung ist z. B. bei Triploiden normalerweise nicht mehr möglich, da bei einem ungeraden Ploidiesatz in den Keimzellen infolge der gestörten Homologenpaarung in der Meiose keine kompletten Chromosomensätze entstehen können. Solche Pflanzen haben dann Blüten und Früchte, aber in den Früchten wachsen keine Samen heran (z. B. kernlose Orangen oder Mandarinen). Ihre Vermehrung ist entweder auf ungeschlechtlichem Wege möglich (Stecklinge) oder man erzeugt das Saatgut durch Kreuzung von diploiden mit tetraploiden Rassen (z. B. Mais).

Alloploidie: Erweiterung des Chromosomensatzes um Chromosomensätze von anderen Arten.

Bastard: Nachkomme aus der Kreuzung von zwei Eltern verschiedener Rassen oder Arten.

- **Allo(poly)ploidie** ist die Vermehrung des Chromosomensatzes (A) durch Addition von Chromosomensätzen anderer Herkunft (B), z. B. werden AA und BB zu AABB. Ist eine solche Kreuzung möglich, entstehen im Normalfall AB-Individuen. Diese sind aber meist unfruchtbar, weil die Chromosomen bei der Meiose keinen homologen Partner finden. Wenn allerdings bei einer fehlerhaften Meiose eines AB-Bastards Keimzellen mit AB-Sätzen entstehen und zwei solche Gameten zusammentreffen, dann kann ein tetraploider AABB-Bastard entstehen, bei dem die Paarung der Homologen normal ablaufen kann. Die Entstehung alloploider Bastarde lässt sich durch Colchicin beeinflussen, läuft aber auch spontan ab, was die bereits vor Tausenden von Jahren durch den Menschen beeinflusste Entstehung des alloploiden Kulturweizens beweist. Ein anderes Beispiel ist die Hauspflaume *(Prunus domestica)*, ein alloploider Bastard aus Schlehe und Kirschpflaume.

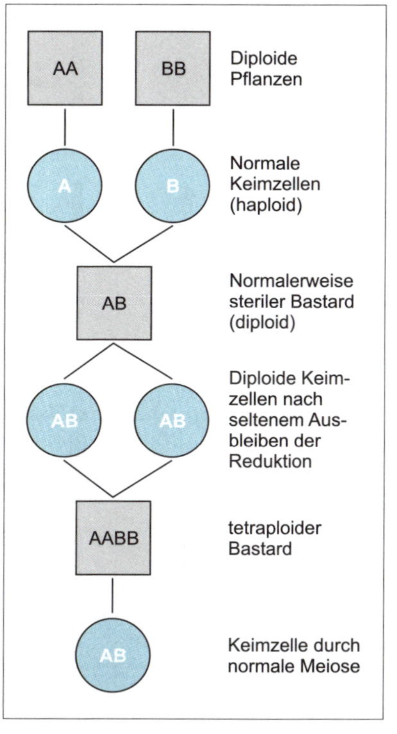

Abb. 68: Alloploidie. Das Schema zeigt das Zustandekommen eines tetraploiden Bastards AABB aus zwei artverschiedenen diploiden Pflanzen.

3.5 Die Chromosomenstruktur weist manchmal Fehler auf

Strukturmutation: Änderung in der Chromosomenstruktur (nicht in der Anzahl)

Bei der mikroskopischen Untersuchung von Chromosomenbeständen zeigen sich gelegentlich Veränderungen in der Struktur der Chromosomen. In solchen Fällen spricht man von **strukturellen Chromosomenaberrationen** (Abb. 69).

Intrachromosomale Strukturmutationen betreffen Ereignisse innerhalb desselben Chromosoms.

Interchromosomale Strukturmutationen betreffen alle Ereignisse zwischen verschiedenen Chromosomen.

Translokation, Deletion, Inversion → siehe S. 78

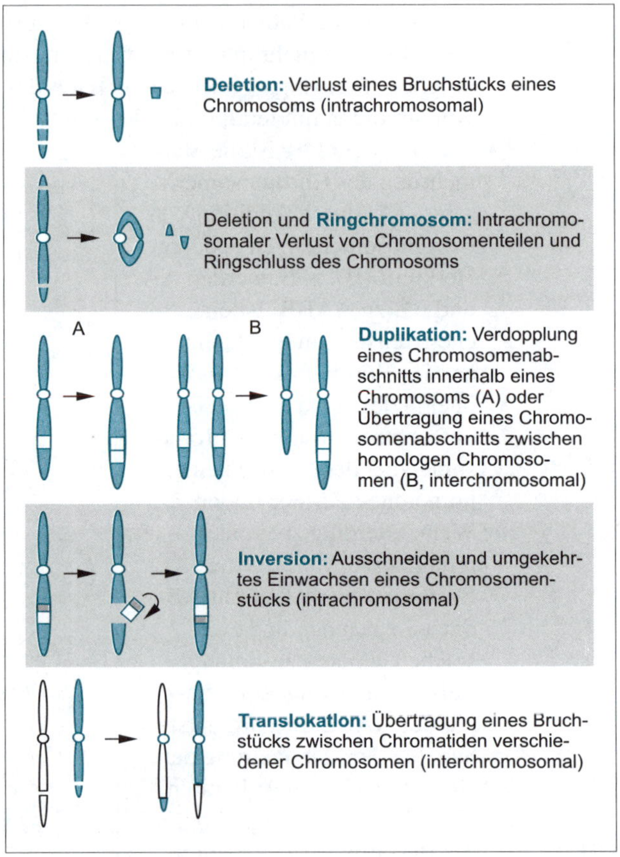

Abb. 69: Gegenüberstellung verschiedener struktureller Chromosomenaberrationen

Translokations-Down-Syndrom

Freie Trisomie → siehe S. 79

Neben der häufigeren Form der freien Trisomie 21 kennt man eine andere Ursache für diese Krankheit. Die Patienten zeigen dieselben Symptome wie bei freier Trisomie 21. Die Gesamtzahl der Chromosomen beträgt zwar 46, allerdings ist ein mittelgroßes Chromosom, meist Nr. 14, größer als normal. Man erklärt dies durch ein Zusammenwachsen des Chromosoms Nr. 14 mit dem Chromosom Nr. 21. Diese **Translokation** hat sich bei etwa der Hälfte der Fälle bereits bei den Vorfahren des Kranken ereignet, in den anderen Fällen erst bei der Keimzellbildung in den Keimdrüsen. Liegen solche translozierten Chromosomen z. B. bei einem Elternteil des Kranken vor, dann bleibt dies für diese Person ohne Folgen, da ihr Gesamtbestand der Chromosomen noch im Gleichgewicht („balanciert“) ist. Dieser Zustand kann sogar über Generationen hinweg unentdeckt bleiben. Erst bei einer bestimmten Aufteilung des translozierten Chromosoms in der Meiose (Abb. 70) kann es zu Keimzellen mit der zweifachen Ausführung des Chromosoms Nr. 21 kommen.

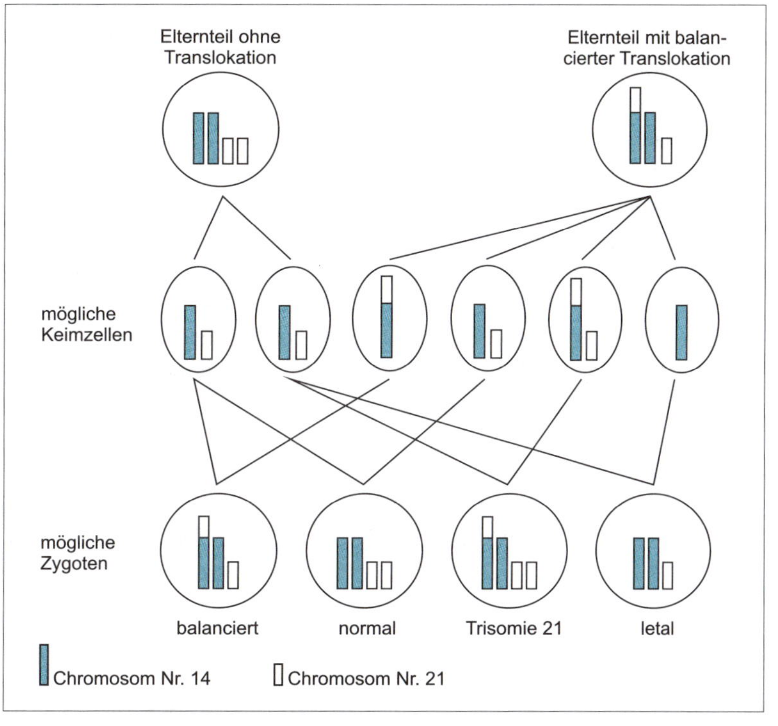

Abb. 70: Schema zur 21/14-Translokation. Aus dem Schema ergibt sich eine theoretische Wahrscheinlichkeit für trisome Nachkommen von 1/3 (die letale Zygote geht nicht mit in die Berechnung ein). Die tatsächliche Häufigkeit für ein Trisomie-Kind für diesen Fall ist jedoch geringer, da Teilungen, die zu Keimzellentyp 1 und 2 führen, häufiger sind.

Beispiele für **Deletionen** beim Menschen sind das Katzenschrei-Syndrom (Stückverlust am kurzen Arm des Chromosoms Nr. 5) und das Wolf-Syndrom (Stückverlust im kurzen Arm des Chromosoms Nr. 4). Andere Strukturfehler entstehen z. B. durch ringförmiges Zusammenwachsen von Chromosomen. Eine Ringbildung am Chromosom Nr. 18 (18r-Syndrom) führt beispielsweise zu schwerer körperlicher und geistiger Beeinträchtigung.

Zusammenfassung

- Lebewesen mit Zellkernen heißen **Eukaryoten**. In jedem Zellkern befindet sich die genetische Information, die DNA, für das betreffende Lebewesen. Die DNA befindet sich bei Eukaryoten in den **Chromosomen**.
- **Mitose** ist der Vorgang der Zellkernteilung. Eine Kernteilung bzw. die Teilung einer ganzen Zelle ist notwendig für das Wachstum eines Organismus und den Ersatz abgestorbener Zellen.
- Die **Meiose** dient der Bildung von haploiden Keimzellen. Meiose findet bei Tieren in den Keimdrüsen statt, bei Pflanzen im Keimgewebe. Während der Meiose wird der diploide Chromosomensatz zu einem haploiden.
- Die Meiose ist in zwei Abschnitte gegliedert: die **1. Reifeteilung (Reduktionsteilung)** mit der Trennung der Homologen und die **2. Reifeteilung (Äquationsteilung)** mit der Trennung der Schwesterchromatiden.
- Die zufällige Verteilung der homologen Chromosomen auf die Keimzellen und ein Austausch von homologen Chromosomenabschnitten während der Meiose (Crossing over, Chiasma) bewirken eine vollkommene **Durchmischung** und **Neukombination** des Erbgutes bei der Bildung der Keimzellen und der anschließenden Befruchtung. Die dadurch gewährleistete genetische Vielfalt ermöglicht eine ständige Anpassung der Lebewesen an wechselnde Umweltbedingungen.
- Abweichungen von der normalen Chromosomenzahl **(Genommutationen)** sowie Änderungen an der Chromosomenstruktur **(Translokationen, Deletionen, Inversionen, Duplikationen)** haben meist schwere nachteilige Folgen. Lediglich die Polyploidie (Vervielfachung ganzer Chromosomensätze) bei Pflanzen kann von Vorteil für das Überleben sein.

Klassische Genetik – Mendelgenetik

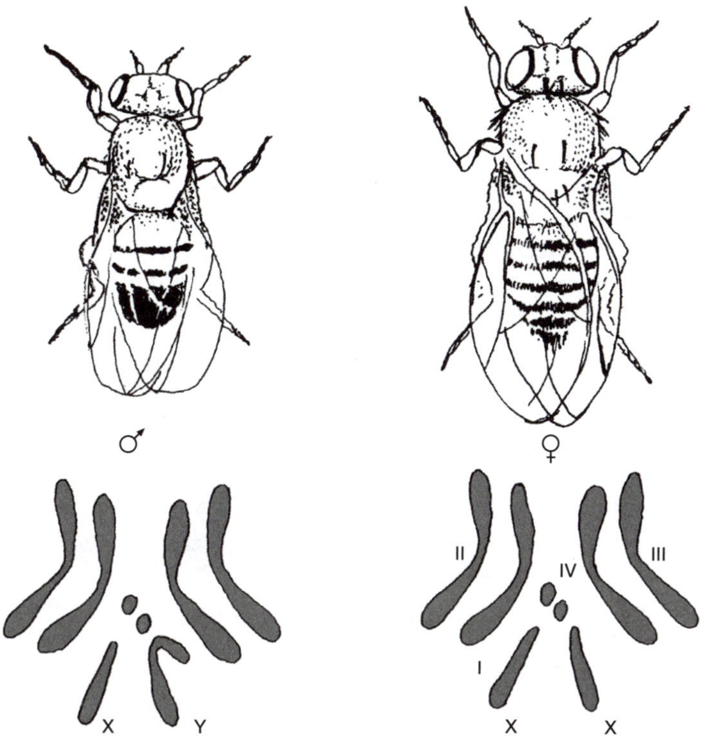

Drosophila melongaster, die Taufliege – ein Paradeobjekt der klassischen Genetik. Abgebildet sind eine männliche und eine weibliche Fliege sowie deren homologe Metaphase-Chromosomen (drei Autosomen- und ein Gonosomenpaar).

„Wie kommt man zu neuen Entdeckungen in der Genetik?
Durch Arbeitseifer, vertrauend auf das Glück, dass man auf Neues stößt, durch den intelligenten Gebrauch von Arbeitshypothesen (damit meine ich die Bereitschaft, jede These zurückzuweisen, wenn es nicht nach kritischer Prüfung Hinweise für ihre Stichhaltigkeit gibt), durch Suche nach geeignetem Versuchsmaterial … und schließlich durch das nicht zu häufige Abhalten genetischer Kongresse.“
THOMAS HUNT MORGAN, Rede auf dem sechsten internationalen Genetikkongress, 1932

1 Was GREGOR MENDEL entdeckte

JOHANN GREGOR MENDEL (1822–1884): Lehrer für Naturwissenschaften und Abt im Augustinerkloster Brünn

Die Gesetzmäßigkeiten bei der Weitergabe von Merkmalen wurden erstmals von dem Augustinerpater J. G. MENDEL beschrieben. MENDEL wollte ursprünglich neue, züchterisch interessante Farbvarianten durch künstliche Bestäubung von Zierpflanzen erzielen. Dabei beobachtete er, dass bei den Nachkommen seiner Kreuzungen bestimmte Farben und Formen in auffallender Regelmäßigkeit wiederkehrten, wenn die Befruchtung zwischen Pflanzen mit gleichen Merkmalen stattgefunden hatte. Da MENDEL hinter diesem regelmäßigen Wiederauftreten eine Gesetzmäßigkeit vermutete, beschloss er, die Frage planmäßig experimentell anzugehen. MENDEL führte die Kreuzungsversuche an verschiedenen Erbsensorten im Garten seines Klosters in Brünn durch.

Bestäubung: Übertragung von Blütenstaub (Pollen) auf die Narbe des Fruchtknotens

MENDEL wählte Erbsen als Versuchsobjekte, da diese sich gezielt bestäuben lassen: Um sicher zu sein, dass alle herangezogenen Erbsennachkommen ausschließlich das Ergebnis seiner experimentellen Bestäubungen und nicht etwa einer unkontrollierten Fremdbestäubung waren, erdachte er eine ebenso einfache wie sinnvolle Methode: Aus den noch nicht vollständig entwickelten Blütenknospen einer Erbsenpflanze entfernte er mit einer Pinzette die Staubbeutel. Anschließend wurden die Narben dieser so vorbehandelten „Mutterpflanze“ künstlich mit dem Pollen einer bestimmten „Vaterpflanze“ bestäubt. Auf diese Weise waren die Elternpflanzen und deren Merkmale sicher bekannt.

Abb. 71: GREGOR MENDEL

Mit dieser Methode kreuzte MENDEL Pflanzen mit demselben Merkmal. Traten auch unter den Nachkommen, die er über einen Zeitraum von zwei Jahren wiederholt nachzüchtete, ausschließlich die Merkmale der Elternpflanzen wieder auf, ging er von reinen Linien aus (Reinerbigkeit).

1.1 MENDELS erste Kreuzungsversuche

Monohybrid: Kreuzung, bei der die Vererbung von einem Allelpaar (für ein Merkmalspaar) verfolgt wird → siehe auch Allel S. 91 f.

Parentalgeneration: Elterngeneration (= P-Generation)

Filialgeneration: Tochtergeneration (= F-Generation)

Bei einem Kreuzungsexperiment ist das Ergebnis umso überschaubarer, je weniger Merkmale man zugleich beobachtet. Deshalb kreuzte MENDEL zunächst Erbsenpflanzen, die sich nur in **einem** Merkmal unterschieden, er führte eine **monohybride** (= monomere) Kreuzung durch.

MENDELS Wahl fiel auf Erbsenpflanzen mit gelber und mit grüner Samenfarbe, wobei er darauf achtete, dass die Eltern reinerbig waren. Die aus dieser **Parentalgeneration** hervorgehenden Nachkommen, die **Filialgeneration 1**, hatten ausschließlich gelbe Samen.

Anschließend kreuzte er die gelbsamigen Erbsenpflanzen aus der F_1-Generation untereinander. Erstaunlicherweise zeigten die Nachkommen dieser Kreuzung (die F_2-Generation) wieder die Samenfarben der P-Generation, nämlich gelbe und grüne Samen, wobei MENDEL vor allem die auftretenden Zahlen interessant erschienen: von 8 023 Samen der F_2-Generation waren 6 022 gelb und 2 001 grün.

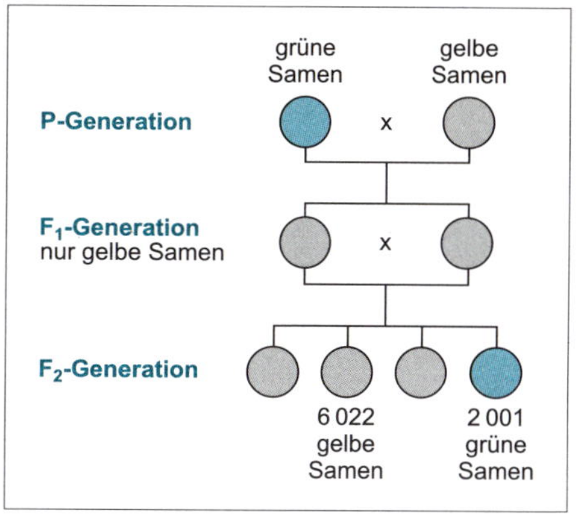

Abb. 72: Ergebnis der Kreuzungsversuche von MENDEL: Es wurden reinerbige Erbsenpflanzen mit grünen und mit gelben Samen gekreuzt (P-Generation).

Als MENDEL die beiden Zahlen ins Verhältnis setzte, erhielt er für die Farben gelb : grün ein Verhältnis von 3,01 : 1, wobei es keine Rolle spielte, ob die Samen- oder die Pollen-spendende Pflanze der P-Generation grün- oder gelbsamig war. Die **reziproke Kreuzung** brachte stets dieselben Farben mit sehr ähnlichen Häufigkeiten unter den Nachkommen hervor.

Reziproke Kreuzung: Kreuzung mit einer gegenüber der vorausgegangenen Kreuzung vertauschten Elternrolle

Zum Vergleich führte MENDEL auch Versuche mit anderen Merkmalspaaren durch (z. B. Samenform rund oder kantig, Stellung der Blüten achsen- oder endständig usw.). Immer wieder erhielt er in der F_2-Generation eine starke Annäherung an das 3 : 1-Verhältnis. Je mehr Nachkommen er auswertete, desto genauer entsprach das Resultat diesem Verhältnis.

Die beiden ersten mendelschen Regeln

Die hier beschriebenen Beobachtungen MENDELS haben sich in vielen weiteren Versuchen bestätigt. Sie lassen sich verallgemeinern und in Form zweier Regeln ausdrücken:

Uniform: lat. *uniformis* einförmig, einfach

1. mendelsche Regel: Kreuzt man zwei reinerbige Rassen einer Art, die sich in einem Merkmal unterscheiden, so sind die Nachkommen in der F_1-Generation bezüglich dieses Merkmals alle gleich **(Uniformitätsregel)**.

2. mendelsche Regel: Kreuzt man die Bastarde aus der F_1-Generation untereinander, so treten die Merkmale der P-Generation in der F_2-Generation im Verhältnis 3 : 1 (bei dominant-rezessivem Erbgang) wieder auf **(Spaltungsregel)**.

Wie die Versuche MENDELS zu deuten sind

Das besondere Verdienst MENDELS war es, die Entstehung der Zahlenverhältnisse in den Nachkommengenerationen richtig zu deuten. Mit dieser Epoche machenden Leistung ging er als Begründer der Erblehre in die Geschichte der Biologie ein.

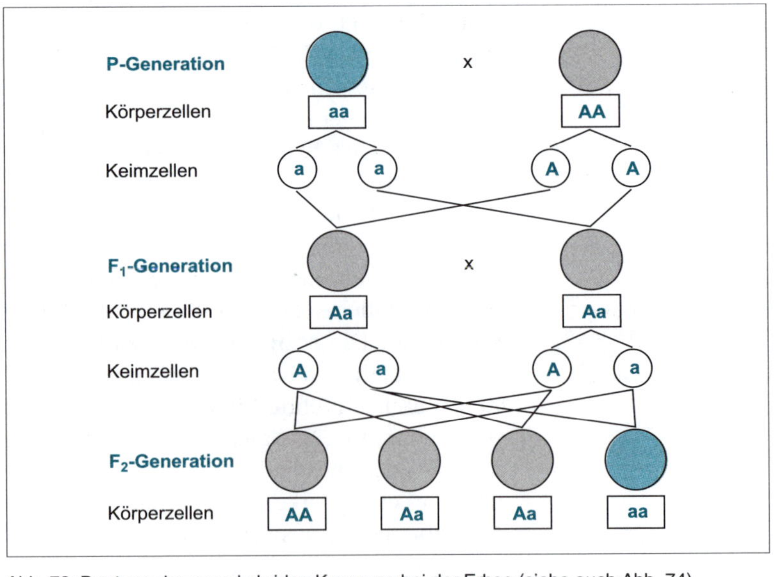

Abb. 73: Deutung der monohybriden Kreuzung bei der Erbse (siehe auch Abb. 74)

Gen: Erbanlage für ein bestimmtes Merkmal; Abschnitt auf der DNA, der ein bestimmtes Polypeptid codiert → siehe S. 22 ff.

Allel: Variable Ausprägung eines Gens. Eukaryotenzellen mit zwei homologen Chromosomen enthalten von jedem Gen zwei Allele.

Zur Erklärung der Versuchsergebnisse muss man sich zunächst in Erinnerung rufen, dass eine Weitergabe von Erbanlagen nur über die Keimzellen (Eizellen und Pollen) der Elternpflanzen erfolgen kann. Es ist anzunehmen, dass genau dort Faktoren oder Anlagen **(Gene)** lokalisiert sind, die bei der Befruchtung darüber entscheiden, ob ein Erbsennachkomme später gelbe oder grüne Samen haben wird. Dabei geht man von einer Anlage für die gelbe (z. B. A) und einer Anlage für die grüne (z. B. a) Samenfarbe aus. Somit sind einem Merkmal – der Samenfarbe – zwei Gene zugeordnet, die paarweise zusammengehören. Die spezielle Ausführung eines Gens, also A oder a, bezeichnet man als **Allel**.

Dominantes Allel: Allel, das im heterozygoten Zustand den Phänotyp bestimmt.

Rezessives Allel: Allel, das bei Heterozygoten im Phänotyp nicht zur Geltung kommt.

Genotyp: Erbbild eines Organismus.

Phänotyp: Wahrnehmbares Erscheinungsbild.

Homozygot: Zelle oder Organismus mit zwei identischen Allelen eines bestimmten Gens.

Heterozygot: Zelle oder Organismus mit zwei verschiedenen Allelen eines bestimmten Gens.

Das Wiederauftreten der grünen Farbe in der F_2-Generation ist besonders interessant: Zwei gelbsamige Eltern können auch grünsamige Nachkommen haben. Damit dieses Kreuzungsergebnis zustande kommen kann, muss in den beiden gelbsamigen F_1-Pflanzen je eine Anlage versteckt sein, die erst beim grünsamigen F_2-Nachkommen in Erscheinung tritt, und je eine andere Anlage, die für die gelbe Samenfarbe der F_1-Pflanzen verantwortlich ist. Offenbar besitzen die beiden Eltern immer zwei Anlagen, wobei bereits die Anwesenheit eines Allels für die gelbe Samenfarbe genügt, um gelbe Samen entstehen zu lassen. Eine solche merkmalbestimmende Anlage bezeichnen wir als **dominant** (A), die andere, gegenüber A zurücktretende Anlage als **rezessiv** (a), da sie die Merkmalsentfaltung durch das Allel A nicht behindert. Die Bezeichnungen „dominierend" (heute sagen wir „dominant") und „rezessiv" verwendete bereits MENDEL.
Ordnet man also den Individuen immer zwei Anlagen zu, ergeben sich für das Erbbild **(Genotyp)** zwei Möglichkeiten für die Erscheinungsform **(Phänotyp)** der gelben Samenfarbe. Gelbsamige Pflanzen können reinerbig AA **(homozygot)** oder mischerbig Aa **(heterozygot)** sein, grünsamige Pflanzen hingegen nur homozygot aa.

Phänotyp	gelbe Samen		grüne Samen
Genotyp	AA (homozygot)	Aa (heterozygot)	aa (homozygot)

Tab. 9: Möglichkeiten der Allelkombinationen für gelb- und grünsamige Erbsen

Da die Anlagen von einer Generation zur nächsten nur über die Keimzellen weitergegeben werden, kann in diesen auch nur ein Allel vorliegen. Nach dem Zusammentritt der Keimzellen zu der Zygote (und dann auch in allen Körperzellen) liegt wieder ein Allelpaar vor.

Die Erbanlagen liegen auf den Chromosomen

Vergleicht man die bisher angestellten Überlegungen zur Weitergabe der Anlagen in den Körper- und Keimzellen mit dem Verhalten der Chromosomen bei der Meiose und der Befruchtung, dann ist die Übereinstimmung nicht zu übersehen. Die zytologischen und die genetischen Befunde entsprechen einander in auffälliger Weise.

Zytologische Ergebnisse	Genetische Ergebnisse
Chromosomen sind individuelle Strukturen, die bei jeder Zellteilung weitergegeben werden.	Gene sind individuelle Strukturen, die bei jeder Zellteilung weitergegeben werden.
Von jedem Chromosom befindet sich in jeder Körperzelle ein doppelter Satz (homologe Chromosomen), die eine Hälfte stammt von der Mutter, die andere vom Vater.	Von jedem Gen befindet sich in jeder Körperzelle ein doppelter Satz (die beiden Allele), ein Allel stammt von der Mutter, das andere vom Vater.
Die Meiose sorgt für die Halbierung des doppelten Chromosomensatzes. In den Keimzellen befindet sich nur ein einfacher Chromosomensatz.	Die Meiose sorgt für die Halbierung des doppelten Gensatzes. In den Keimzellen befindet sich nur ein einfacher Gensatz.
Bei der ersten Reifeteilung der Meiose werden die Chromosomen zufällig und unabhängig voneinander kombiniert.	Bei der Keimzellenbildung werden die Gene zufällig und unabhängig voneinander kombiniert, sofern sie auf verschiedenen Chromosomen liegen.

Tab. 10: Vergleich der zytologischen und genetischen Ergebnisse

THEODOR BOVERI (1862–1915): Deutscher Zoologe

WALTER SUTTON (1877–1916): Amerikanischer Arzt und Genetiker

T. BOVERI und W. SUTTON (1903) haben diesen Zusammenhang erstmals in der **Chromosomentheorie der Vererbung** formuliert.
Für die monohybride Kreuzung der Erbsen heißt dies: Die heterozygoten, gelbsamigen Erbsen (Genotyp Aa) der F_1-Generation können zwei Sorten von Keimzellen bilden: solche mit A und solche mit a. Wenn wir davon ausgehen, dass sich die Keimzellen rein zufällig kombinieren, dann ergeben sich gleich häufig Allelkombinationen von AA, Aa, aA oder aa. Daraus resultiert ein Phänotypenverhältnis von 3:1.

Die Rückkreuzung wird zur Testkreuzung

Die im vorangehenden Abschnitt formulierten Annahmen lassen sich durch eine Rückkreuzung überprüfen, indem man gelbsamige Pflanzen der F_1-Generation mit reinerbigen grünsamigen Pflanzen kreuzt. Die Nachkommen aus dieser Kreuzung sind gelb- und grünsamig im Verhältnis 1:1. Der heterozygote Genotyp der gelbsamigen Pflanze ist somit nachgewiesen. Wäre die gelbsamige Pflanze reinerbig, so erhielte man nur gelbsamige Nachkommen. Die Rückkreuzung bestätigt somit die angestellten Überlegungen zur Verteilung der Allele auf die Keimzellen und deren zufallsbedingte Kombination bei der Zygotenbildung.

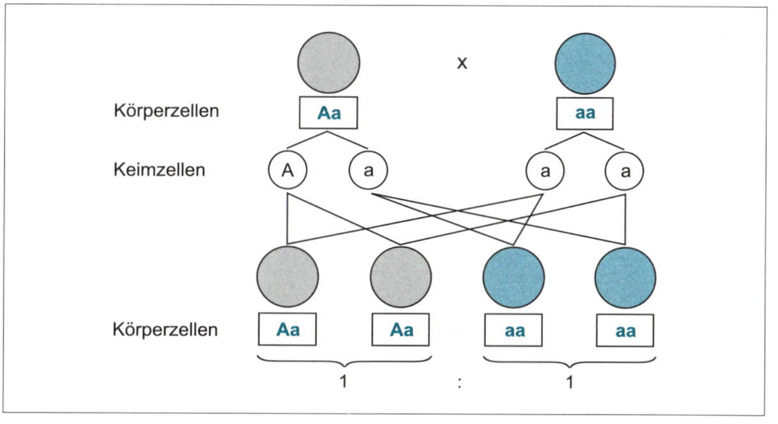

Abb. 74: Schema zur Rückkreuzung: Kreuzung eines heterozygoten gelbsamigen (graue Kreise) F_1-Nachkommen mit dem grünsamigen rezessiven Elter

Rückkreuzung: Kreuzung eines heterozygoten Bastards mit dem rezessiven Elter.

Ist beim Vorliegen einer gelbsamigen Pflanze unbekannter Herkunft der Genotyp nicht bekannt, kann man die Rein- oder Mischerbigkeit dieser Pflanze durch eine Kreuzung nach dem Schema der Rückkreuzung überprüfen, indem man die Merkmale der Nachkommen sowie deren Zahlenverhältnis feststellt **(Testkreuzung)**.

Unvollständige Dominanz (intermediäre Vererbung)

CARL CORRENS (1864–1933): Deutscher Botaniker

MENDELS Entdeckung wurde später durch eine Beobachtung von C. CORRENS erweitert: CORRENS kreuzte weiß- und rotblühende Pflanzen der Wunderblume *(Mirabilis jalapa)* und erhielt in der F_1-Generation nur noch rosablühende Bastarde. Kreuzte er diese F_1-Bastarde aber untereinander, dann erhielt er rot-, rosa- und weißblühende Pflanzen im Verhältnis 1:2:1.

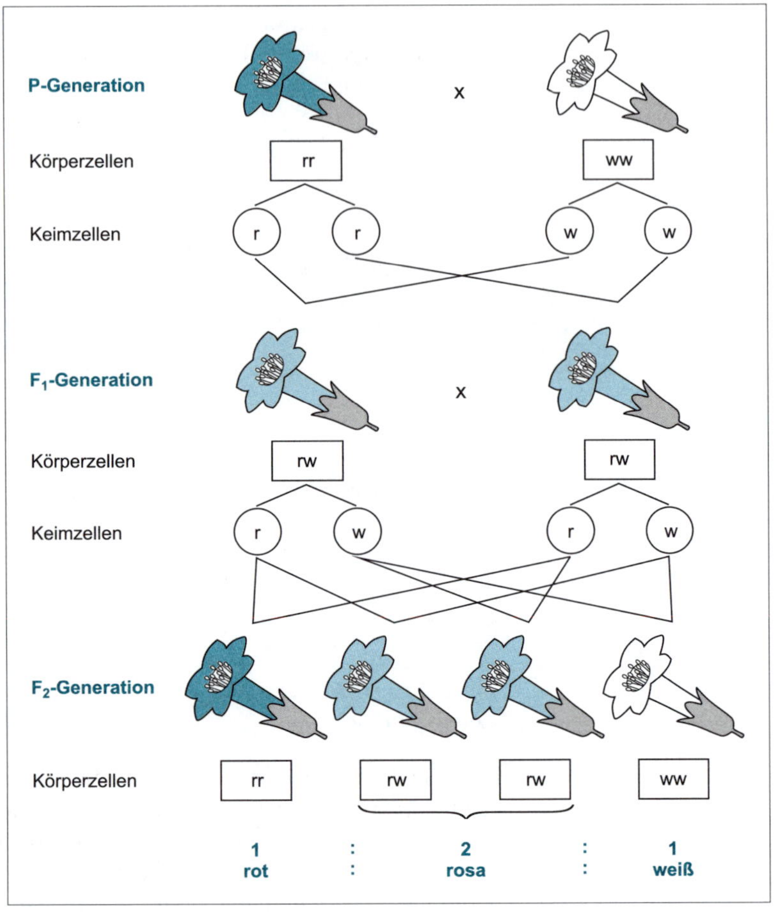

Abb. 75: Intermediäre Vererbung bei *Mirabilis*
r = Allel für rote Blütenfarbe, w = Allel für weiße Blütenfarbe.

Da sich hier die Allele für das Merkmal Blütenfarbe gleichberechtigt verhalten und der Phänotyp der Heterozygoten eine distinkte Mittelstellung einnimmt, sind die Begriffe Dominanz und Rezessivität hier nicht anwendbar. Man spricht in solchen Fällen von **unvollständiger Dominanz** oder **intermediärer Vererbung**.

Unvollständige Dominanz (intermediäre Vererbung): Genkombination, bei der keines von zwei Allelen dominant ist, sodass sich der Phänotyp der Heterozygoten von den Phänotypen der Homozygoten unterscheidet

Das 1:2:1-Verhältnis stellt dabei nur einen speziellen Fall des 3:1-Verhältnisses dar, bei dem die heterozygoten Individuen einen eigenen unterscheidbaren Phänotypen besitzen. So gesehen gelten die mendelschen Regeln sinngemäß auch für den intermediären Erbgang.

1.2 Mendel erforschte auch die Vererbung mehrerer Merkmalspaare

In einer weiteren Versuchsserie untersuchte Mendel auch die Weitergabe mehrerer Merkmale. Mendel kreuzte dazu zwei reinerbige Erbsenrassen, die sich in der Samenfarbe (gelb – grün) und in der Samenform (rund – kantig) unterschieden. Einen solchen Erbgang, bei dem die Vererbung von zwei voneinander unabhängigen Merkmalen betrachtet wird, nennen wir **dihybrid** (= dimer).

Dihybride Kreuzung: Kreuzung, bei der die Vererbung von zwei Allelpaaren (für zwei voneinander unabhängige Merkmalspaare) untersucht wird

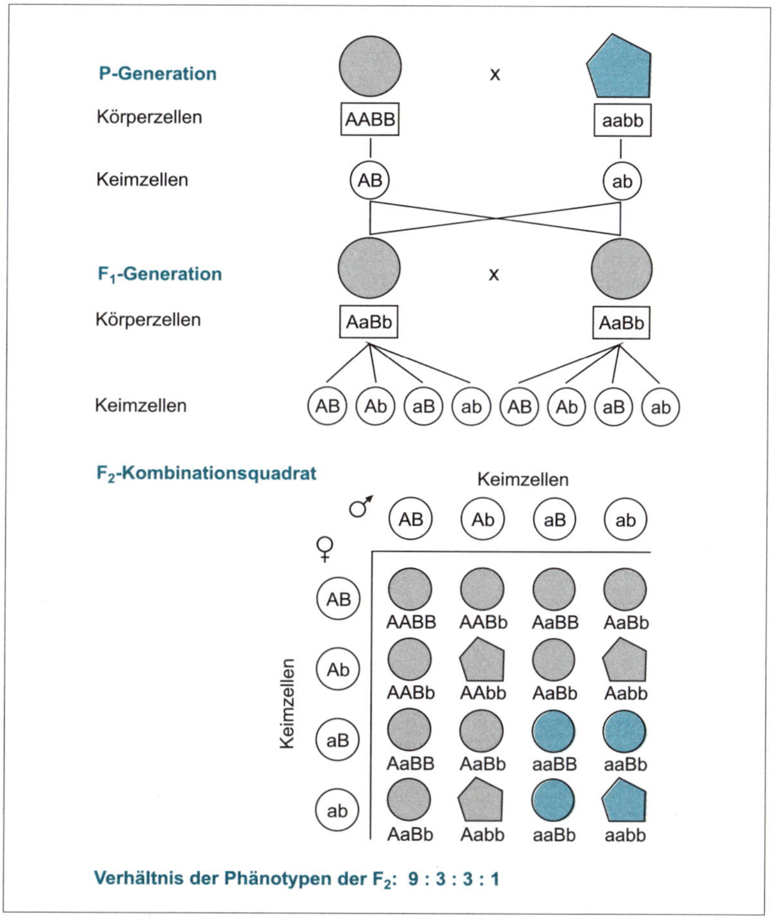

Abb. 76: Erbschema zum dihybriden Erbgang mit Kombinationsquadrat
Bedeutung der Allele: A = gelb, a = grün, B = rund, b = kantig.

Die Pflanzen in der P-Generation hatten gelbe runde und grüne kantige Samen. Die Samen der F_1-Nachkommen waren alle gelb und rund, womit sich die Uniformitätsregel bestätigte. In der F_2-Generation kam es jedoch zu einer Aufspaltung der Merkmale, wobei die folgenden Samen auftraten: gelb/rund : gelb/kantig : grün/rund : grün/kantig in den Häufigkeiten 315 : 101 : 108 : 32. Das bedeutete für jedes Merkmal (Samenfarbe und -form) wieder ein 3 : 1-Verhältnis und insgesamt ein Verhältnis aller möglichen Phänotypen von 9 : 3 : 3 : 1.

Deutung des dihybriden Erbgangs

Meiose → siehe S. 71 ff.

Die Aufspaltung der Merkmale in vier Phänotypen lässt sich mit der Trennung der Gene bei der Meiose der Eltern und der anschließenden, völlig zufällig verlaufenden Neukombination der Keimzellen erklären. Unter der Voraussetzung, dass die Gene für Samenfarbe (A und a) und für Samenform (B und b) auf zwei **verschiedenen** Chromosomenpaaren sitzen, erfolgt ihre meiotische Aufteilung so, dass vier Gametentypen mit den Anlagen AB, Ab, aB und ab entstehen.

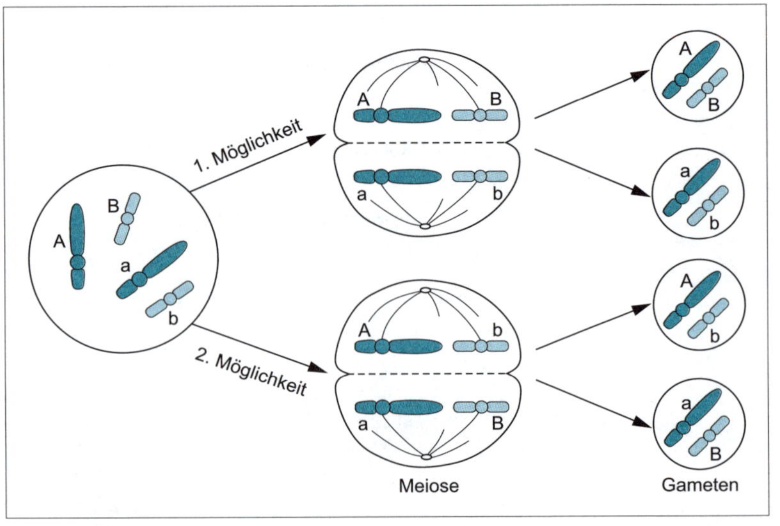

Abb. 77: Verteilungsmöglichkeiten für zwei Allelpaare, die auf zwei homologen Chromosomenpaaren liegen, in der 1. Reifeteilung der Meiose

Kombiniert man diese Gametentypen in der F_2-Generation zufallsabhängig miteinander (siehe Kombinationsquadrat, Abb. 76), ergeben sich für die Zygote 16 Möglichkeiten mit 9 Geno- und 4 verschiedenen Phänotypen.

Die dritte mendelsche Regel

Die von MENDEL beobachteten Gesetzmäßigkeiten bei der Vererbung zweier voneinander unabhängiger Merkmale, deren Anlagenpaare auf verschiedenen Chromosomenpaaren lokalisiert sind, lassen sich wie folgt zusammenfassen:

3. mendelsche Regel: Die Allele verschiedener Genpaare (z. B. A, a und B, b) werden bei der Keimzellenbildung getrennt und bei der Befruchtung unabhängig voneinander neu kombiniert (**Unabhängigkeit** und **Neukombination der Gene**).

Von einem **trihybriden Erbgang** spricht man, wenn die Vererbung von drei Merkmalspaaren betrachtet wird.

In entsprechender Weise lässt sich die Menge der untersuchten Merkmalspaare erweitern. Betrachtet man einen **trihybriden Erbgang**, ergibt sich in der F_1-Generation der Genotyp AaBbCc, bei dem die in Abb. 80 angegebenen Keimzellen gebildet werden können. Wenn man die Keimzellen wieder in ein Kombinationsquadrat einträgt, erhält man $8 \cdot 8 = 64$ Kombinationen mit 8 verschiedenen Phänotypen im Verhältnis 27:9:9:9:3:3:3:1.

ABC	aBC
AbC	abC
ABc	aBc
Abc	abc

Abb. 78: Mögliche Keimzellen des Genotyps AaBbCc

2 Wo die mendelschen Regeln nicht gelten

2.1 Genkoppelung und Genaustausch

Zu Beginn des 20. Jahrhunderts beschäftigte die Genetiker die Frage, ob MENDELS Beobachtungen zur Vererbung allgemein gültig sind. Dieser Frage ging auch T. MORGAN nach. Er arbeitete mit der Taufliege *Drosophila melanogaster*, die sich wegen ihrer einfachen Aufzucht und Haltung sowie ihrer kurzen Generationszeit als ideales Objekt für genetische Experimente herausstellte.

THOMAS HUNT MORGAN (1866–1945): Amerikanischer Genetiker, der vor allem die Vererbung bei *Drosophila* untersuchte; Nobelpreis 1933

pr: Abkürzung von engl. *purple* purpurfarben.

vg: Abkürzung von engl. *vestigial* verkümmert.

Das mutierte Allel für dunkle Augen liegt auf einem Autosomenpaar, das entsprechende Wildtypallel für rote Augen pr+ am gleichen Genort. Dies ist bei einem Vergleich mit den Versuchen zur X-chromosomalen Vererbung (siehe S. 106) zu beachten.

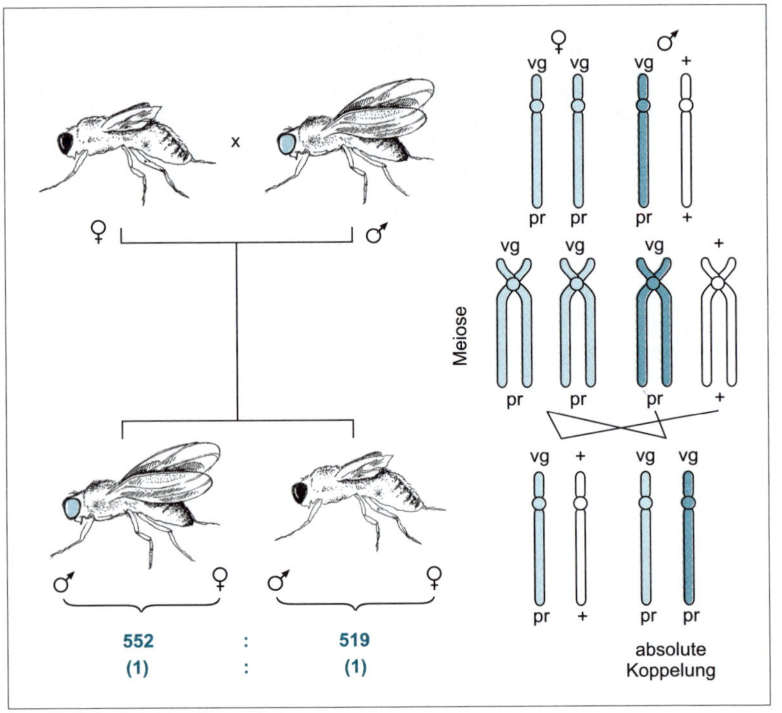

Abb. 79: Kreuzung bei *Drosophila*: Weibchen stummelflügelig/dunkle Augen mit Männchen normalflügelig/rote Augen. Die Nachkommen gleichen den Eltern. Es liegt Genkoppelung vor. + markiert jeweils das Wildtypallel.

Bei einem Experiment mit *Drosophila* werden **stummelflügelige, dunkeläugige Weibchen** der Taufliege mit **normalflügeligen, rotäugigen Männchen** gekreuzt (Abb. 79). Die Gene für stummelflügelig (vg) und dunkeläugig (pr) sind rezessiv, die Gene für die normale Flügelform und die roten Augen dominant. Die Nachkommen gleichen

den Eltern: stummelflügelig/dunkeläugig und normalflügelig/rotäugig (Häufigkeit der Phänotypen 1 : 1).
Nach MENDEL wären zwei Ergebnisse möglich:

- Falls die normalflügeligen, rotäugigen Männchen homozygot sind, müssten alle Nachkommen normalflügelig/rotäugig sein.
- Falls die normalflügeligen, rotäugigen Männchen heterozygot sind, wäre eine Aufspaltung in folgende vier Phänotypen zu erwarten: normalflügelig/rotäugig, normalflügelig/dunkeläugig, stummelflügelig/rotäugig, stummelflügelig/dunkeläugig.

Reziproke Kreuzung
→ siehe S. 89

Unerwartet verläuft auch die Kreuzung mit vertauschten Geschlechtern **(reziproke Kreuzung)**, also mit **normalflügeligen, rotäugigen Weibchen** und **stummelflügeligen, dunkeläugigen Männchen**. Die Nachkommen spalten sich in vier Phänotypen auf, die in folgendem Zahlenverhältnis vorkommen:

- 89,26 % sind stummelflügelig/dunkeläugig oder normalflügelig/rotäugig wie die Eltern.
- 10,74 % sind Neukombinanten, also stummelflügelig/rotäugig oder normalflügelig/dunkeläugig.

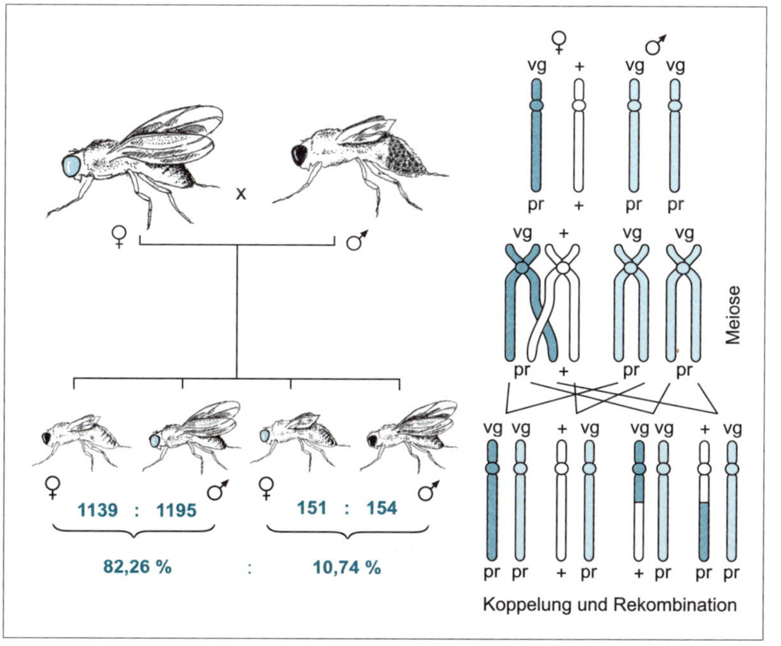

Abb. 80: Kreuzung bei *Drosophila*, reziprok gegenüber der Kreuzung in Abb. 79: Männchen stummelflügelig/dunkle Augen mit Weibchen normalflügelig/rote Augen. Die Nachkommen spalten sich in die vier denkbaren Phänotypen auf. Während bei 89,26 % der Tiere die Gene gekoppelt bleiben, kommt es bei 10,74 % zu einer Rekombination durch Crossing over.

Genkoppelung: Allelpaare für mehrere Merkmalspaare liegen auf demselben Chromosom, sie sind somit aneinander gekoppelt.

Crossing over: Austausch von DNA-Abschnitten zwischen Chromosomen während der Meiose

MORGAN konnte die Aufspaltung der Phänotypen bei Kreuzungen dieser Art deuten. Er kam zu dem Ergebnis, dass die beiden Allele für Flügelform und Augenfarbe auf einem Chromosom nebeneinander („gekoppelt") vorliegen müssen **(Genkoppelung)**. Dies erklärt das gleichzeitige Auftreten beider Merkmale bei den Tieren der Kreuzung in Abb. 79 und das 1 : 1-Verhältnis der Phänotypen.
Die Neukombination der Merkmale nach Vertauschung der Geschlechter ist mit einer Trennung der gekoppelten Gene zu erklären: In der Meiose überkreuzen sich die homologen Chromosomen mit den gekoppelten Genen und werden dann nach einem Bruch an der Kreuzungsstelle wechselseitig verknüpft. MORGAN nannte diesen Vorgang **Crossing over**. Auf diese Weise werden die vorher gekoppelten Gene entkoppelt, die Anlagen getrennt. Im Kreuzungsexperiment in Abb. 82 kommt es nur bei einem Teil der Weibchen (genauer: bei 10,74 % der Gameten) zu einem Crossing over, bei Männchen findet aus unbekannten Gründen kein solcher Genaustausch statt.

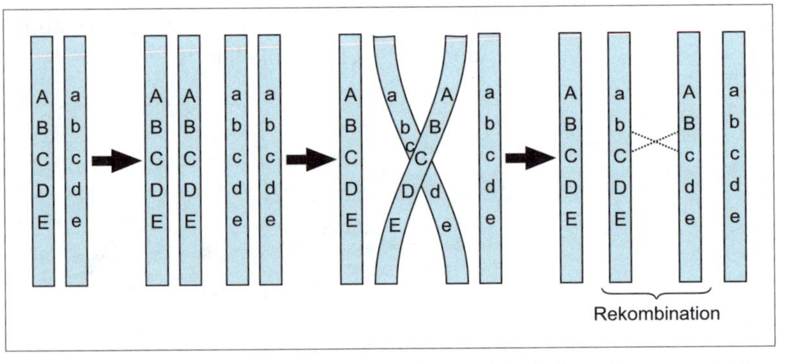

Abb. 81: Genetische Rekombination durch Crossing over. Durch diesen Vorgang entstehen neu kombinierte Chromosomenabschnitte.

Für die Koppelung von Genen gilt folgende Überlegung: Sind die Gene A und B sowie B und C gekoppelt, dann müssen auch A und C gekoppelt sein. Findet jedoch zwischen A und B eine freie Kombination statt, dann muss auch A gegen C frei kombinierbar sein. Auf dieser Grundlage wurden zahlreiche gekoppelte Gene experimentell überprüft. Schließlich konnten ganze Gruppen gekoppelter Gene **(Koppelungsgruppen)** ermittelt werden, deren Zahl stets mit der Zahl des einfachen Chromosomensatzes übereinstimmte. Dies war eine glänzende Bestätigung der Chromosomentheorie der Vererbung nach BOVERI und SUTTON.

In einer **Koppelungsgruppe** befinden sich Genorte in linearer Anordnung auf demselben Chromosom. So gesehen bildet jedes Chromosom eine Koppelungsgruppe.

Chromosomentheorie
→ siehe S. 92

2.2 Aus Chromosomen werden Landkarten

Genkarten: Abbildungen von Chromosomen, aus denen die Lage von Genen abgelesen werden kann

Genkarten bei Drosophila

Wenn man annimmt, dass Crossing over an jeder Stelle des Chromosoms gleich häufig auftritt, dann müsste eine Entkoppelung ehemals gekoppelter Gene umso häufiger stattfinden, je weiter sie voneinander entfernt liegen. Wie Abb. 82 zeigt, lassen die Prozentzahlen für die Entkoppelungshäufigkeit auf den Abstand der Gene schließen.

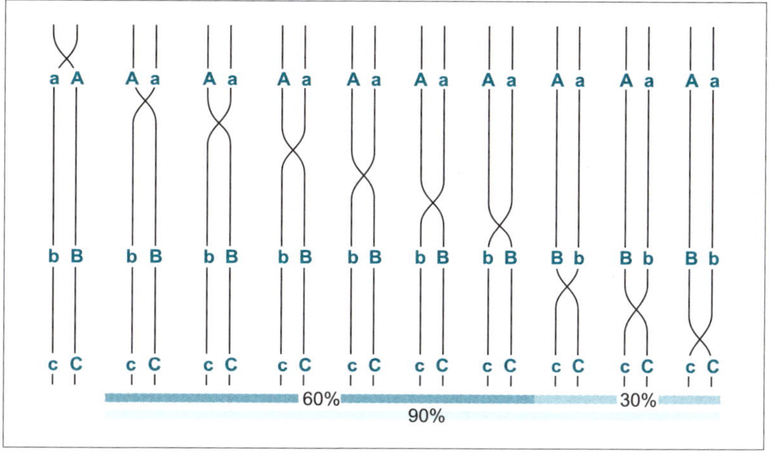

Abb. 82: Schema zur Austauschhäufigkeit gekoppelter Gene. Von 10 abgebildeten Crossing-over-Fällen führen 6 (das entspricht 60 %) zur Entkoppelung der Gene A und B, drei (30 %) führen zur Entkoppelung von B und C, neun (90 %) zur Entkoppelung von A und C.

Rekombinationswert: Der prozentuale Anteil der Rekombinanten (Austauschgameten) an der Gesamtzahl der getesteten Gameten

Man nennt den in Kreuzungsexperimenten ermittelten Austauschwert auch **Rekombinationswert**. Der Rekombinationswert gilt als Maßzahl für die relativen Genabstände.

Möchte man beispielsweise die Lage und den Abstand der Gene A, B und C ermitteln und sind die Rekombinationswerte für AB = a und für BC = b gegeben, kommen für AC zwei Möglichkeiten infrage: entweder a + b oder a – b:

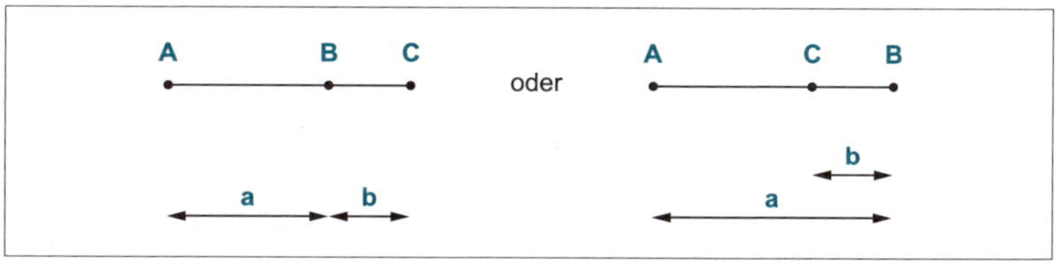

Abb. 83: Zwei Möglichkeiten der Lage von Gen A, B und C bei gegebenen Rekombinationswerten a und b

Bei weit auseinanderliegenden Genen muss allerdings berücksichtigt werden, dass der Rekombinationswert kleiner ist, als es dem tatsächlichen Abstand entspricht. In diesem Fall könnte durch die höhere Wahrscheinlichkeit eines doppelten Crossing overs eine Entkoppelung wieder rückgängig gemacht worden sein.
Mit der Methode der Ermittlung von Rekombinationswerten wurden für die vier Chromosomenpaare von *Drosophila* sehr genaue Genkarten erstellt. Das Vorgehen ist dabei stets identisch: Man bestimmt zunächst die Koppelungsgruppe, indem man Bezüge zu Chromosomen herstellt, die bereits durch bekannte Gene **(„Marker-Gene“)** markiert sind. Dann wird der Rekombinationswert des fraglichen Gens zum Marker-Gen ermittelt und der Genlocus für das mutierte Allel festgelegt.

Genlocus: Derjenige Ort auf einem Chromosom, an dem sich ein fragliches Gen befindet

Genkarten für die Chromosomen des Menschen

Beim Aufstellen von Genkarten für menschliche Chromosomen bedient man sich anderer Verfahren:

Zellhybridisierung: Verfahren zur Fusion von Zellen unterschiedlicher Herkunft

- Eine klassische Methode beruht auf der **Zellhybridisierung**, bei der in einem Kulturmedium Zellen von Mensch und Maus zur Fusion gebracht und gezüchtet werden. Diese Hybridzellen teilen sich und verlieren dabei sukzessive menschliche Chromosomen, während die Mauschromosomen erhalten bleiben. Schließlich entstehen Zellen, die zwar alle Mauschromosomen, aber nur noch eines der menschlichen Chromosomen enthalten. Wenn nun aufgrund einer Genmutation in einer der Mauszellen ein Enzym defekt geworden ist, das vom menschlichen Chromosom noch gebildet werden kann, dann lässt sich daraus schließen, dass das Gen für das betreffende Enzym auf dem verbliebenen menschlichen Chromosom liegt.
- Eine weitere Methode zur Lokalisation menschlicher Gene ist die **In-situ-Hybridisierung**. Dazu wird ein Chromosomenpräparat aus der Metaphase fixiert und die DNA mit Hitze denaturiert. Dabei öffnet sich die Doppelhelix zu Einzelsträngen. Anschließend werden Gensonden eingesetzt, die an den gesuchten Genort binden. Gensonden sind kurze DNA-Einzelstränge, die eine zum fraglichen Genort komplementäre Basenfolge besitzen und mit einem fluoreszierenden Farbstoff ausgestattet sind. Der gesuchte Genort lässt sich daher nach Bindung der Gensonde unter UV-Licht im Mikroskop sichtbar machen.

In situ: lat. am (natürlichen) Ort

Durch eine kombinierte Anwendung verschiedener Methoden, ergänzt durch molekularbiologische Untersuchungen (u. a. DNA-Sequenzierung, siehe S. 136 f.), konnten für die menschlichen Chromosomen detaillierte Genkarten (siehe auch Humangenomprojekt, S. 149) erarbeitet werden.

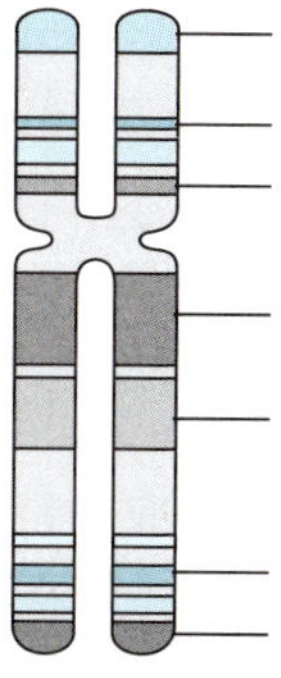

Abb. 84: Genkarte für das menschliche X-Chromosom. Es ist nur eine Auswahl bekannter Genorte dargestellt, die mit Erkrankungen assoziiert sind.

2.3 Gene auf Geschlechtschromosomen folgen einem eigenen Erbgang

Ein wichtiges Ergebnis der Versuche MENDELs war, dass die Weitergabe der Merkmale unabhängig davon erfolgt, ob der väterliche oder der mütterliche Elternteil bestimmte Merkmale trägt (Prinzip der Reziprozität). Es gibt jedoch zahlreiche Beispiele für Vererbung, bei denen Reziprozität nicht gegeben ist.

X-chromosomal-rezessiver Erbgang

Zapfen: Sinneszellen der Netzhaut, die für das Farbensehen zuständig sind

Rot-Grün-Blindheit: Die Rot-Grün-Blindheit tritt in Europa bei 8 % der Männer und 0,4 % der Frauen auf. Personen mit der Rot-Grün-Blindheit haben von den Farben einen anderen Eindruck als Normalsichtige. Manche Rot- und Grün-, vor allem Orange-, Beige- oder Oliv-Töne können nicht unterschieden werden. Die Ursachen für Rot-Grün-Blindheit liegen in einer Störung des Zapfenapparats in der Netzhaut. Das Farbensehen des Menschen kommt durch eine Mischerregung von nur drei verschiedenen Zapfentypen, die rotes, grünes oder blaues Licht absorbieren, in der Netzhaut zustande. Bei Rot-Grün-Blinden können die Rot- oder Grünrezeptoren gestört sein. Dementsprechend fällt auch die Art und Stärke der Farbstörung unterschiedlich aus.

Die Gene für die Farbwahrnehmung liegen auf dem X-Chromosom. Das Allel für Rot-Grün-Blindheit ist rezessiv, das Allel für die normale Farbwahrnehmung dominant.

Da es beim Mann auf dem Y-Chromosom für X-chromosomale Gene keine entsprechenden Allele gibt, wirkt sich bei Männern ein rezessives Gen auf dem X-Chromosom phänotypisch immer aus. In Bezug auf die Gene auf dem X-Chromosom ist der Mann **hemizygot**. Rot-grün-blinde Frauen sind dagegen stets homozygot für dieses Gen. Heterozygote Frauen haben zwar keine Farbstörungen, sie vererben jedoch das Gen auf die Nachkommenschaft, sie sind sogenannte **Konduktorinnen** (= Überträgerinnen). Man spricht in solchen Fällen von einem **gonosomalen Erbgang**, da die betreffenden Gene über die Geschlechtschromosomen (Gonosomen) weitergegeben werden.

Hemizygot: Zustand, bei dem ein Gen in einem diploiden Organismus nur in einer Kopie vorliegt

Konduktorinnen sind Überträgerinnen von rezessiven X-chromosomalen Allelen. Sie sind phänotypisch nicht von diesem Merkmal betroffen.

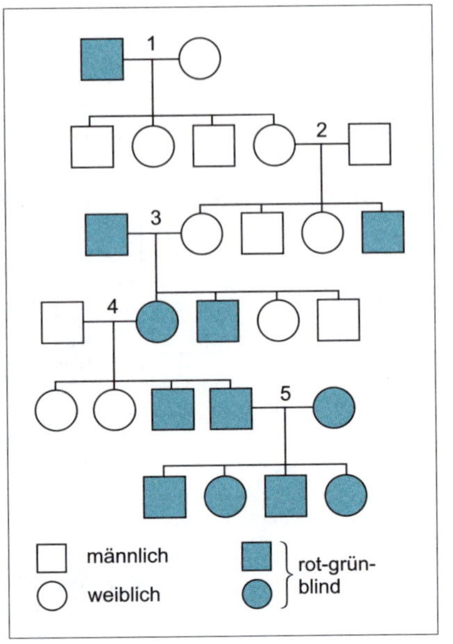

Abb. 85: Modell-Erbgang bei Rot-Grün-Blindheit

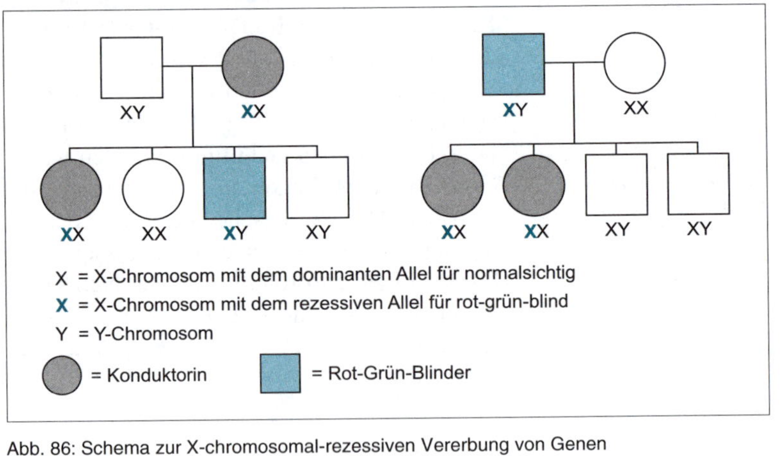

Abb. 86: Schema zur X-chromosomal-rezessiven Vererbung von Genen

Wenn viele einzelne Gene an der Ausbildung eines einzigen Merkmals beteiligt sind, spricht man von **komplementärer Polygenie**.

Bluterkrankheit (Hämophilie): Die Bluterkrankheit wird ebenfalls X-chromosomal-rezessiv vererbt. Da die Blutgerinnung gestört ist, leiden Bluter unter häufigen Blutergüssen unter der Haut, vor allem im Gelenkbereich. Offene Wunden bluten überdurchschnittlich lange, bei größeren Wunden droht Lebensgefahr. Zur Blutgerinnung kommt es durch das Zusammenwirken vieler einzelner Gerinnungsfaktoren, die jeweils von einem eigenen Gen codiert werden **(komplementäre Polygenie)**. Blutern fehlt einer dieser Faktoren: bei **Hämophilie A** der Faktor VIII (das antihämophile Globulin), bei **Hämophilie B** der sogenannte Christmas-Faktor.

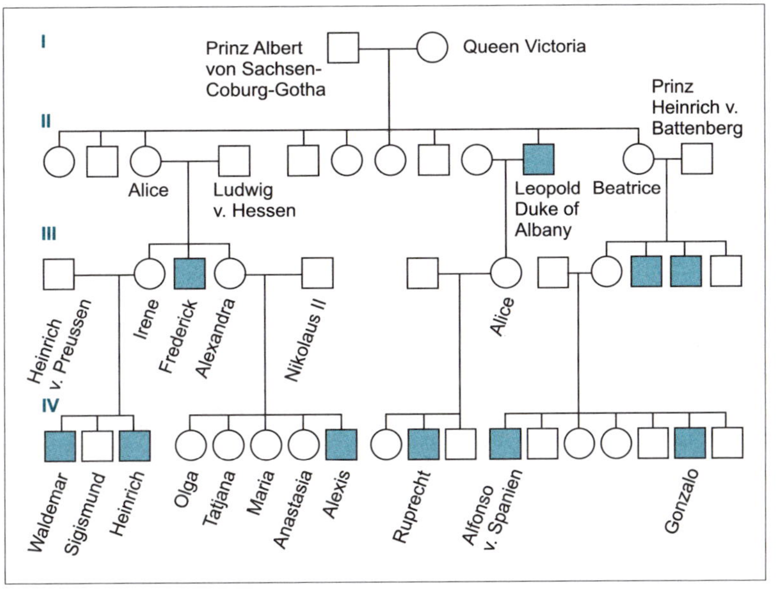

Abb. 87: Stammbaum mit der Vererbung der Bluterkrankheit bei den Nachkommen von Queen Victoria von England

Gonosomale Vererbung bei Drosophila: Eine Lokalisierung von Genen auf den Geschlechtschromosomen wurde auch bei *Drosophila* nachgewiesen. MORGAN beobachtete 1910 in einer *Drosophila*-Zucht unter vielen normal rotäugigen Tieren einzelne weißäugige Fliegen. Er isolierte diese Tiere und kreuzte sie mit rotäugigen Fliegen (Abb. 88). Kreuzte er weißäugige Männchen mit rotäugigen Weibchen, waren alle F_1-Nachkommen rotäugig (die F_2-Generation umfasste rot- und weißäugige Tiere). Die reziproke Kreuzung brachte allerdings in der F_1-Generation rotäugige Weibchen und weißäugige Männchen im Verhältnis 1 : 1. Dieses Ergebnis erklärt sich ebenfalls durch X-chromosomale Vererbung eines rezessiven Gens.

Das mutierte Allel für weiße Augen w liegt im Falle dieser Kreuzung auf dem X-Chromosom, das entsprechende Wildtypallel für rote Augen w+ am selben Genort. Dies ist bei einem Vergleich mit den Versuchen zur Genkoppelung (siehe S. 98 f.) zu beachten.

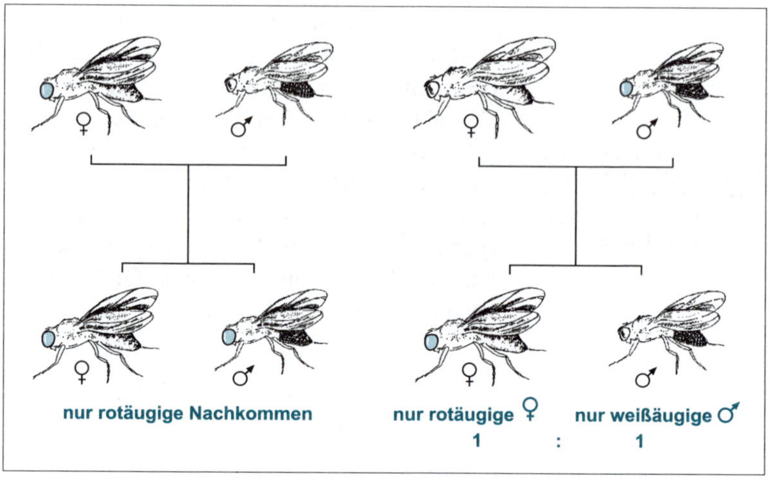

Abb. 88: Reziproke Kreuzung mit unterschiedlichem Ergebnis bei *Drosophila*. Es werden rotäugige mit weißäugigen Tieren gekreuzt, links ist der rotäugige Elter ein Weibchen, rechts ein Männchen.

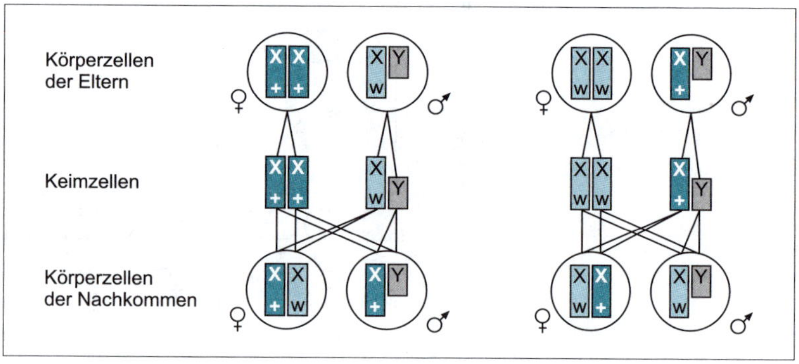

Abb. 89: Deutung der reziproken Kreuzung bei *Drosophila*: + = Wildtypallel, w = Allel für weiße Augen (X-chromosomal)

X-chromosomal-dominanter Erbgang

Falls ein krankheitbedingendes Gen auf dem X-Chromosom liegt und sich dominant verhält, dann wird das Merkmal bereits bei Vorhandensein eines einzelnen mutierten Allels auftreten (z. B. bei „Phosphatdiabetes“, einer rachitischen Knochenwachstumsstörung).

Das bedeutet, dass auch bei heterozygoten Frauen die Krankheit auftritt. Hemizygote Männer sind immer betroffen, in bestimmten Fällen ist die Hemizygotie im männlichen Geschlecht sogar letal.

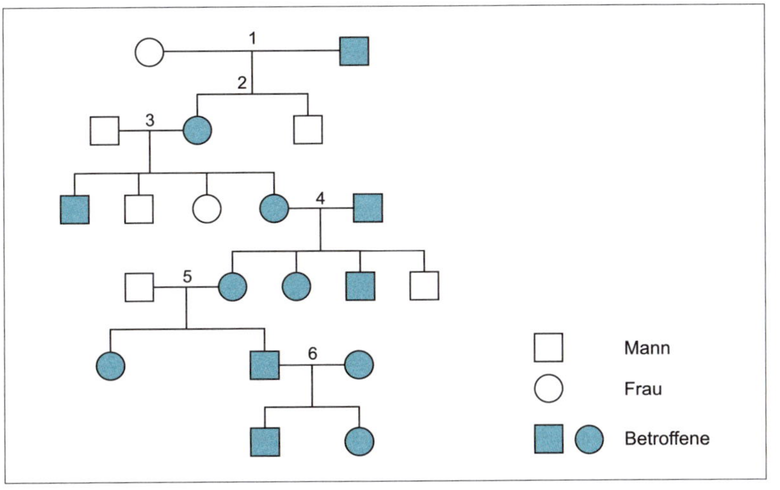

Abb. 90: Modell-Stammbaum zur X-chromosomal-dominanten Vererbung

2.4 Extrachromosomale Vererbung

Im Jahre 1909 beschrieb CORRENS ein Kreuzungsresultat bei der Wunderblume *(Mirabilis jalapa)*, das nicht mit den mendelschen Regeln übereinstimmte. Dabei beobachtete er an den Wunderblumen Zweige mit grün-weiß gefleckten Blättern, also Bereiche mit grünem und weißem Blattgewebe. An anderen Teilen derselben Pflanze fand er aber auch Zweige mit vollständig grünen oder weißen Blättern. Blüten entwickelten sich an Zweigen aller Typen.

CORRENS führte verschiedene Kreuzungen durch, indem er Pollen von einer ausgewählten Blüte auf die Narben anderer Blüten brachte. Die Ergebnisse seiner Experimente sind in Tab. 11 dargestellt.

Das Ergebnis der Versuche lässt die Deutung zu, dass die merkmalbestimmende Information immer nur aus der Mutterpflanze bzw. deren Eizelle stammt. Mit MENDEL-Genetik ist dieser Fall nicht zu deuten, die Vererbung erfolgt hier nicht über die Zellkerne, sondern über **Plastiden**. Diese können sich selbstständig und unabhängig vom Zellkern vermehren. Die Wunderblume besitzt zwei Sorten von Plastiden, grüne mit Chlorophyll und weiße, die mutationsbedingt die Fähigkeit zur Chlorophyllsynthese verloren haben. Beide enthalten plastideneigene DNA und können sich selbstständig und unabhängig vom Zellkern vermehren. Die **Plastiden** werden bei der Wunderblume nur über die Eizelle, nicht jedoch über die Pollen an die Nachkommenschaft weitergegeben.

Plastiden: Zellorganelle in pflanzlichen Zellen, die von einer doppelten Membranschicht umgeben sind. Sie besitzen eigene DNA und Ribosomen und können sich durch Teilung vermehren.
Plastiden mit dem Farbstoff Chlorophyll heißen **Chloroplasten**.

Phänotyp des Zweiges, der die Eizelle liefert (♀)	Phänotyp des Zweiges, der den Pollen liefert (♂)	Phänotyp des Nachkommens
weiß	weiß	weiß
weiß	grün	weiß
weiß	gescheckt	weiß
grün	weiß	grün
grün	grün	grün
grün	gescheckt	grün
gescheckt	weiß	gescheckt, weiß oder grün
gescheckt	grün	gescheckt, weiß oder grün
gescheckt	gescheckt	gescheckt, weiß oder grün

Tab 11: Kreuzungsergebnisse bei gescheckten Wunderblumen.

Ergänzend sei erwähnt, dass auch Mitochondrien DNA enthalten, und dass eine ganze Reihe von genetischen Beobachtungen über eine Vererbung von Mitochondrien-DNA erklärt werden kann.

Extrachromosomale Vererbung: Vererbung durch Genmaterial außerhalb des Zellkerns

Wenn genetisches Material über Plastiden oder Mitochondrien – also nicht über den Zellkern – weitergegeben wird, handelt es sich um **extrachromosomale (extrakaryotische) Vererbung**. Da die erwähnten Zellorganellen im Zellplasma liegen, spricht man auch von **plasmatischer** Vererbung.

Extrachromosomale Vererbung kann man vermuten, wenn…
- die mendelschen Regeln nicht erfüllt sind,
- reziproke Unterschiede auftreten oder die Nachkommen stärker der Mutter als dem Vater ähneln,
- Mischzellen und Entmischungen beobachtet werden.

Auch bei **Säugetieren** und beim **Menschen** gibt es eine Vererbung über Mitochondrien. Man kennt zahlreiche Erkrankungen des Menschen, die durch Veränderungen in mitochondrialer DNA hervorgerufen werden, z. B. eine bestimmte Erkrankung des Sehnervs oder eine besondere Form der Muskelschwäche. Diese Erkrankungen werden nur über die Eizellen der mütterlichen Linie vererbt, weil die in den Spermien enthaltenen Mitochondrien nicht in die Eizelle eingebracht werden. Die Erkrankung wird deshalb nie von einem erkrankten Mann auf seine Kinder vererbt, stets aber von einer erkrankten Frau auf alle ihre Nachkommen.

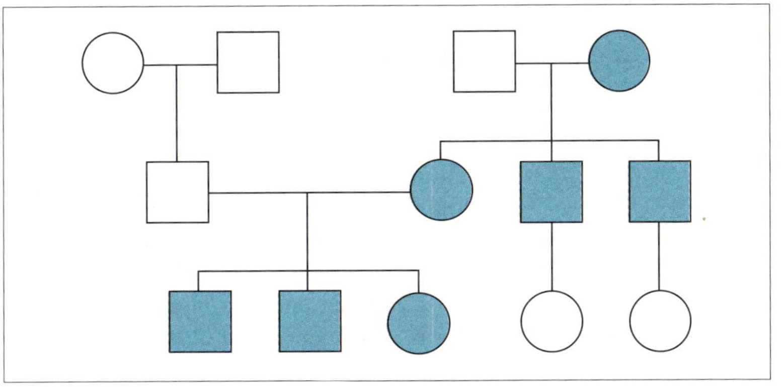

Abb. 91: Stammbaum einer Familie mit einer mitochondrialen Erkrankung

3 Auch die Umwelt kann die Merkmalsausbildung beeinflussen

Modifikation: Nicht erbliche phänotypische Veränderung einzelner Individuen oder Populationen. Modifikationen werden durch Außeneinwirkungen verursacht, z. B. Licht, Wärme, Ernährung usw.

Neben den erblichen Mutationen können auch verschiedene Umweltfaktoren die Ausprägung von Merkmalen beeinflussen, ohne dass damit eine Änderung im Erbgut einhergeht. Man spricht bei nicht erblichen Veränderungen des Phänotyps von **Modifikationen**. Welchen Einfluss Umwelt und Erbgut jeweils auf die Ausbildung der Merkmale haben, ist bisher nur für einzelne Fälle geklärt.

3.1 Modifikationen – Einige Beispiele

Die Körperlänge von Pantoffeltierchen

Klon: Hier Gruppe erbgleicher Individuen, sonst auch Gruppe von identischen DNA-Molekülen

Zieht man ein einzelnes **Pantoffeltierchen** in einer Nährlösung auf, vermehrt es sich ungeschlechtlich durch Zweiteilung. Nach kurzer Zeit kann aus einem einzigen Pantoffeltierchen ein stattlicher **Klon** entstanden sein. Misst man nun die Körperlängen der einzelnen Tiere des Klons unter dem Mikroskop aus, schwanken die Messwerte von 136 bis 202 µm, wobei die Extremwerte am seltensten, die Mittelwerte um etwa 170 µm am häufigsten auftreten. Eine Gesamtverteilung der Häufigkeit aller Werte ergibt dabei eine glockenförmige Verteilungskurve (Normal- oder Gauß-Verteilung, Abb. 92).

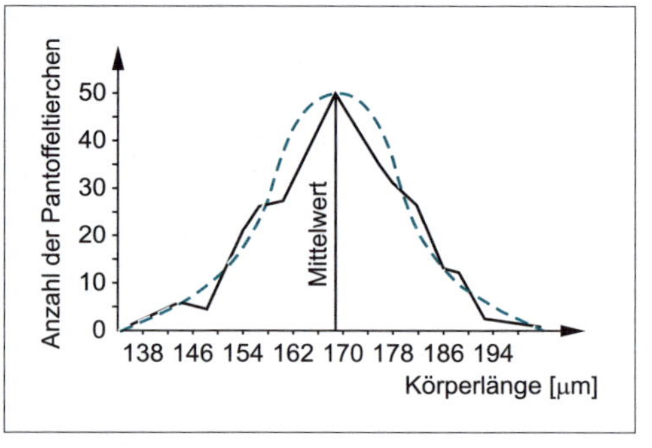

Abb. 92: Körperlängen eines Pantoffeltierchen-Klons (Gauß-Kurve)

Carl Friedrich Gauss (1777–1855): Deutscher Mathematiker und Astronom

Greift man nun ein extrem kleines und ein besonders großes Tier aus diesem Klon heraus und züchtet aus jedem Tier wieder auf ungeschlechtlichem Wege je einen Klon, weisen diese Nachkommen wieder die gleiche Größenverteilung auf, ihre Körperlängen streuen von 136 bis 202 µm mit einer Häufung um den Mittelwert (Abb. 93).

Die äußeren Grenzen der Variationsbreite der Körperlänge sind offenbar genetisch festgelegt, die spezielle Ausprägung der Größe eines einzelnen Pantoffeltierchens hängt jedoch nur von der Wirkung verschiedener Umweltfaktoren ab, z. B. einer unterschiedlichen Nahrungsversorgung, Temperaturunterschieden oder einer variablen Sauerstoffversorgung.

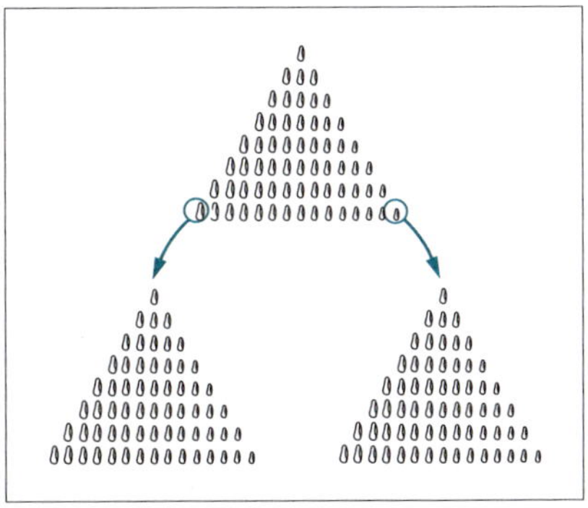

Abb. 93: Größenverteilung bei Nachkommen eines Pantoffeltierchen-Klons

Jährliche Eierproduktion von Hühnern

Dokumentiert man grafisch die jährliche Eierproduktion einer Hühnerpopulation, dann ergibt sich ebenfalls eine Gauß-Verteilung. Entsprechende Verteilungskurven erhält man auch bei Erfassung der meisten anderen landwirtschaftlich relevanten Merkmale von Haustieren und Nutzpflanzen, z. B. beim Körpergewicht und der Fleischleistung von Schlachttieren, bei der Milchleistung von Kühen, bei der Kornmenge und -größe von Getreideähren usw. Da es sich bei der Hühnerpopulation nicht um erbgleiche Individuen handelt, ist als Ursache für das Zustandekommen der Normalverteilung neben der umweltbedingten zusätzlich die genetische Variabilität zu berücksichtigen.

Als Ursachen für die **umweltbedingte Variabilität** kommen auch hier die unterschiedlichen Ernährungs-, Gesundheits- und Haltungsbedingungen der Hühner infrage. Für die genetische Variabilität ist im beschriebenen Fall hingegen die additive Wirkung mehrerer Allelpaare verantwortlich, wobei mehrere Allele das gleiche Merkmal unterschiedlich stark beeinflussen **(additive Polygenie)**.

Additive Polygenie: Die Ausbildung des Phänotyps hängt von mehr als zwei Allelen ab, die sich in ihrer Wirkung addieren.

Nimmt man beispielsweise an, dass die Allele A1, B1 und C1 eine einfach fördernde Wirkung, die Allele A2, B2 und C2 eine zweifach fördernde Wirkung auf das Merkmal „Legeleistung" haben, ergeben sich verschiedene Ausprägungen je nach Allelkombination, z. B. hätte der Genotyp A1 A1, B1 B1, C1 C2 eine geringere Legeleistung als der Genotyp A2 A2, B2 B2, C2 C1. Die Anzahl der Individuen, die sich aus der Addition der Gene für die einzelnen Phänotypen ergibt, lässt sich durch den Binomialkoeffizienten von $(a + b)^n$ ausdrücken, wobei der Exponent n der Anzahl der unterschiedlich stark fördernden Faktoren entspricht (z. B. 6 Faktoren bei 3 Allelpaaren). Für dieses Bei-

Der **Binomialkoeffizient** ist eine mathematische Funktion, um die Anzahl von Kombinationen aus einer bestimmten Menge zu berechnen.

spiel würde dann der Binomialkoeffizient $(a + b)^6$ zutreffen (Abb. 94). Es kommen 7 Phänotypen mit einer Häufigkeit von 1:6:15:20:15:6:1 vor. Trägt man die Werte einer Zeile aus diesem Dreieck grafisch auf, dann ergibt sich bei zunehmender Anzahl der Faktoren eine immer stärkere Annäherung an die Gauß-Kurve. Ähnlich erfolgt die Vererbung vieler wichtiger Merkmale beim Menschen. Man nimmt z. B. an, dass es mehrere Gene für die Dunkelfärbung der Haut gibt, die sich in ihrer Wirkung addieren.

$(a + b)^0$	1
$(a + b)^1$	1 1
$(a + b)^2$	1 2 1
$(a + b)^3$	1 3 3 1
$(a + b)^4$	1 4 6 4 1
$(a + b)^5$	1 5 10 10 5 1
$(a + b)^6$	1 6 15 20 15 6 1

Abb. 94: Rechenbeispiel für den Binomialkoeffizienten von $(a + b)^n$.

Weitere Beispiele für Modifikationen

- **Blütenfarbe:** Wenn eine chinesische Primel in einem kalten Gewächshaus bei Temperaturen um 15 °C gezogen wird, blüht sie rot. Im Warmgewächshaus bei Temperaturen um 30 °C unterbleibt jedoch die Bildung des roten Farbstoffes, die Blume blüht weiß.
- **Geschlechtsentwicklung:** Weiblich determinierte Larven der Honigbiene entwickeln sich entweder zu einer Arbeiterin oder einer Königin, je nach Art des Larvenfutters.
- **Fellfarbe:** Die Grundfarbe der Russenkaninchen ist weiß, die Körperspitzen (Schnauze, Schwanz, Pfoten- und Löffelspitzen) sind jedoch schwarz gefärbt. Die geringere Körpertemperatur führt zur Bildung des schwarzen Farbstoffes im Fell. Rasiert man ein Russenkaninchen an der Bauchseite und kühlt die enthaarte Stelle, dann ist das nachwachsende Haar an dieser Stelle schwarz. Unterbricht man die Kühlung, dann wächst das Fell wieder weiß weiter.

3.2 Variabilität und Erblichkeit

Möchte man die Anteile, die Erbe und Umwelt an der Ausprägung eines Merkmals ausmachen, genauer bestimmen, ermittelt man einen Wert für die sogenannte **Heritabilität *H*** (Erblichkeit):

Heritabilität: Prozentualer Anteil der genetisch bedingten Variabilität an der phänotypischen Variabilität

$$\text{Heritabilität } H = \frac{V_{\text{genetisch}}}{V_{\text{phänotypisch}}}$$

Für das Pantoffeltierchen-Beispiel ergibt sich dabei die folgende Überlegung: Die Körpergrößen-Mittelwerte der Tiere des 1. Klons sind mit den Mittelwerten der Nachkommen der ausgewählten extrem

kleinen und extrem großen Tiere identisch, die Normalverteilungskurven decken sich. Die genetische Ausstattung der Tiere ist also jeweils gleich, infolgedessen ist $V_{gen} = 0$ und die Heritabilität beträgt 0. Dies bedeutet das Fehlen von Erblichkeit beim Merkmal „Körperlänge".
Für die Berechnung der Heritabilität bei der Eierproduktion von Hühnern müsste man die Legeleistung einer Tochterpopulation ermitteln, die man aus einer aus der Ausgangspopulation ausgewählten, z. B. sehr leistungsfähigen Elterngruppe erhalten hat (Abb. 95).

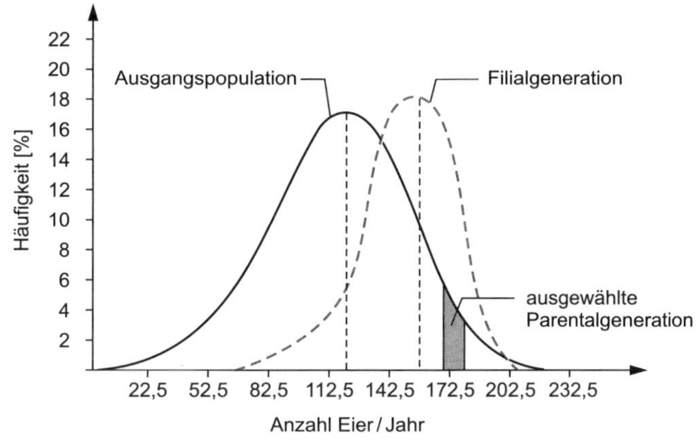

Abb. 95: Variation der jährlichen Eierproduktion einer Hühnerrasse (schwarze Kurve). Wenn man daraus eine besonders leistungsfähige Elterngruppe auswählt (grauer Bereich) und die Eierleistung von deren Nachkommen bestimmt, dann erhält man einen Mittelwert (farbige Kurve), der nicht mehr im Bereich des Mittelwerts der ausgewählten Eltern liegt, sondern zum Mittelwert der Ausgangspopulation hinstrebt („Regression zum Mittelwert").

Dabei zeigt sich, dass die Mittelwerte nicht identisch sind, sondern dass der Mittelwert der Tochtergeneration im Vergleich zum Mittelwert der Elterngruppe zum allgemeinen Mittelwert der Ausgangspopulation hin verschoben ist. Die Berechnung der Heritabilität ergibt in solchen Fällen Werte zwischen 1 und 100. Im konkreten Beispiel kann man von einem Wert von etwa 80 ausgehen, das hieße, dass 80 % des Merkmals „Legeleistung" bei Hühnern genetisch bedingt sind.

3.3 Einfluss von Anlage und Umwelt beim Menschen

Korrelationskoeffizient: Grad der Übereinstimmung von Merkmalen zweier ausgesuchter Personengruppen im Vergleich mit zwei beliebigen Personengruppen

Es wäre höchst interessant zu wissen, welchen Anteil die modifizierende Kraft von Erziehung und Umwelt an der Ausprägung menschlicher Merkmale hat. Ähnlichkeiten zwischen verschiedenen Personengruppen (z. B. Eltern und Kindern) lassen sich quantitativ mit dem **Korrelationskoeffizienten r** erfassen. Der Korrelationskoeffizient r für den menschlichen Intelligenzquotienten (IQ) ist für verschiedene Personengruppen in Tab. 12 dargestellt.

Personengruppen	r für den IQ
Nichtverwandte, getrennt aufgewachsen	0,01 bis 0,3
Nichtverwandte, zusammen aufgewachsen	0,15 bis 0,3
Pflegeeltern – Kind	0,15 bis 0,4
Eltern – Kind	0,2 bis 0,8
Geschwister, getrennt aufgewachsen	0,35 bis 0,48
Geschwister, zusammen aufgewachsen	0,3 bis 0,78
ZZ, verschiedenes Geschlecht	0,38 bis 0,65
ZZ, gleiches Geschlecht	0,43 bis 0,88
EZ, getrennt aufgewachsen	0,63 bis 0,88
EZ, zusammen aufgewachsen	0,78 bis 0,93

Tab. 12: Korrelationskoeffizienten r für den IQ verschiedener Personengruppen: r = 1 bedeutet völlige Gleichheit (= 100 %), r = 0 völlige Ungleichheit (= 0 %). EZ = eineiige Zwillinge, ZZ = zweieiige Zwillinge.

Die Tabelle zeigt, dass der Intelligenzquotient verschiedener Personengruppen umso ähnlicher ist, je näher sie miteinander verwandt sind. Allerdings ist zu beachten, dass der Korrelationskoeffizient nur einen Rückschluss auf die Ähnlichkeit zulässt und nichts über den Anteil von Erbe und Umwelt an diesem Merkmal aussagt.

Im Laufe der Keimesentwicklung entsteht aus einer befruchteten Eizelle durch Zellteilungen das vielzellige Lebewesen. Da man bei der ersten Teilung der Zelle eine schmale Vertiefung erkennen kann, bezeichnet man diese Art der Teilung als **Furchung**.

Eine Antwort auf diese Frage versprechen Untersuchungsmethoden, die auf der **Zwillingsforschung** beruhen. Zwillingsgeburten treten mit einer Häufigkeit von etwa 1,2 % auf. Zwei Drittel davon sind **zweieiige Zwillinge (ZZ)**, d. h., sie sind durch Befruchtung zweier Eizellen, die infolge einer so genannten Polyovulation zugleich herangereift sind, entstanden. ZZ sind sich deshalb genetisch nicht ähnlicher als normale Geschwister und können auch verschiedenen Geschlechts sein. Ein Drittel der Zwillingsgeburten sind **eineiige Zwillinge (EZ)**. Sie entstehen aus einer einzigen Zygote, die sich in den ersten Furchungsstadien teilt. Jede der Spalthälften entwickelt sich dann zu einem Kind. EZ haben absolut identisches Erbgut, sie stimmen auch in allen umweltstabilen Merkmalen überein.

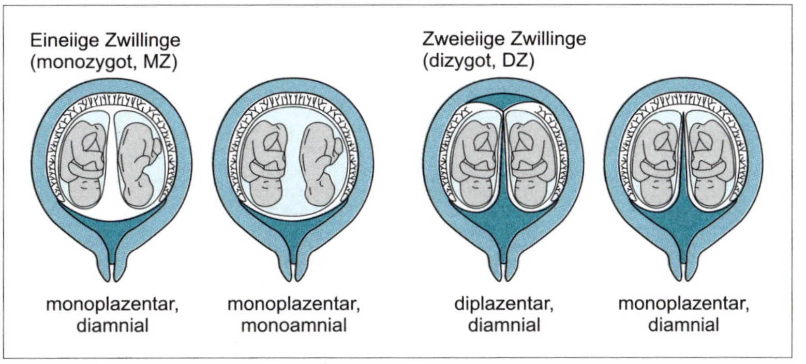

Amnion → siehe S. 125

Abb. 96: Typen von Zwillingen: Links eineiige Zwillinge (monozygot), stets mit einer gemeinsamen Plazenta, wobei eine gemeinsame oder zwei getrennte Amnionhöhlen vorkommen können; rechts zweieiige Zwillinge (dizygot), die eine gemeinsame oder zwei getrennte Plazenten haben können, aber stets eigene Amnionhöhlen besitzen.

Die genetische Ausstattung von ZZ stimmt durchschnittlich zu 50 %, die von EZ zu 100 % überein. Variiert ein Merkmal bei EZ, dann muss der Unterschied ausschließlich umweltbedingt sein, bei ZZ kann er sich aus den genetischen Unterschieden und den Umwelteinflüssen zusammensetzen. Aus der Differenz der Verteilungsbreite eines Merkmals bei EZ und ZZ kann man den Anteil der genetischen Variabilität an einem Merkmal berechnen.

Für die menschliche Intelligenz darf man von einem genetischen Anteil von etwa 80 % ausgehen.

Zusammenfassung

- Der Augustinerpater Gregor Mendel entdeckte grundlegende Gesetzmäßigkeiten, nach denen Merkmale weitergegeben werden. Sie sind nach ihm als **mendelsche Regeln** benannt.

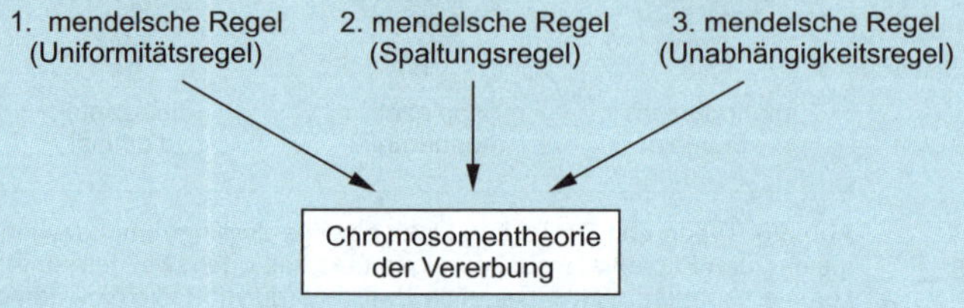

- Die **3. mendelsche Regel** setzt voraus, dass die Allelpaare für mehrere Merkmalspaare (A/a und B/b usw.) auf verschiedenen homologen Chromosomenpaaren sitzen. Es kann aber durchaus vorkommen, dass verschiedene Anlagenpaare in einem homologen Chromosomenpaar nebeneinander vorliegen. Man spricht dann von **Genkoppelung**.
- Ursprünglich gekoppelte Gene können durch **Crossing over** getrennt werden. Dies führt zu Aufspaltung der Phänotypen in ungewöhnliche Zahlenverhältnisse.
- Falls **Gene auf Geschlechtschromosomen** lokalisiert sind, ergeben sich dabei besondere Erbgänge.
- Eine Reihe von Vererbungsfällen ist nicht mit der Vererbung von Genen zu erklären, die auf den Chromosomen des Zellkerns lokalisiert sind. Sie beruhen vielmehr auf der Weitergabe von DNA in Plastiden oder Mitochondrien. Man spricht dann von **extrachromosomaler Vererbung**.
- **Modifikationen** sind phänotypische Änderungen, die nicht im Erbgut verankert sind, sondern auf dem modifizierenden Einfluss von Umweltfaktoren beruhen.
  Modifizierende Umweltfaktoren können z. B. die Temperatur, die Ernährung, die Sauerstoffversorgung, Krankheiten und Parasiten sowie zahlreiche andere biotische und abiotische Faktoren sein.

Humangenetik – Erbgänge beim Menschen

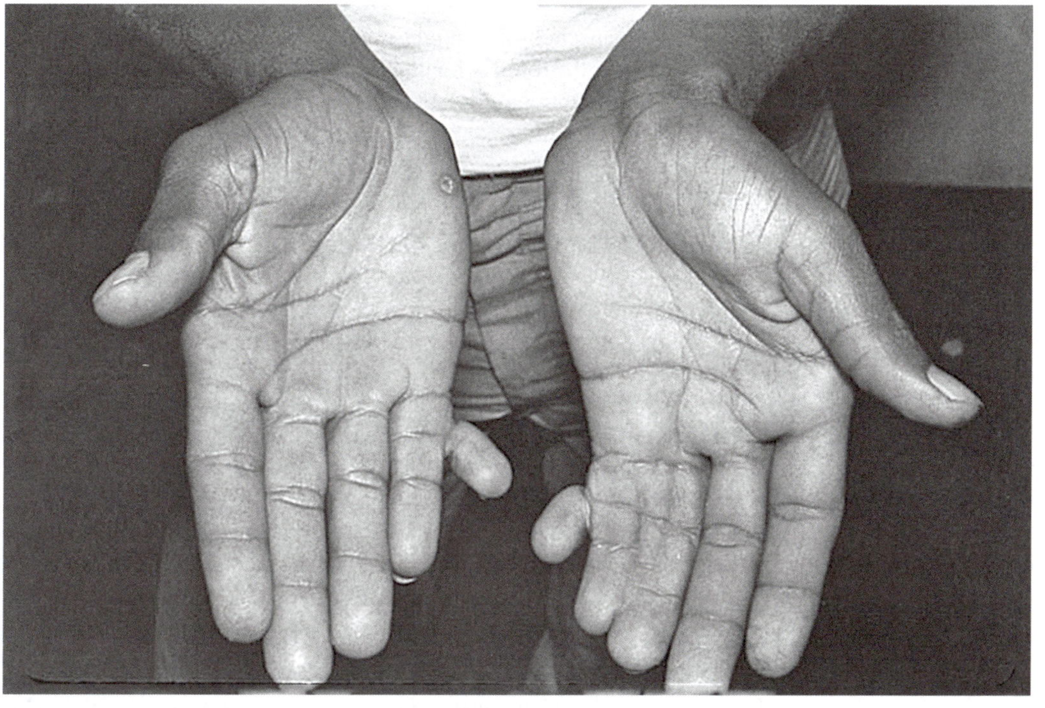

Die Polydaktylie (Vielfingrigkeit) wird autosomal-dominant vererbt.

1 Die mendelschen Regeln gelten auch für den Menschen

Auch beim Menschen beobachtet man Merkmale, für die die mendelschen Regeln zutreffen. Es handelt sich dabei teilweise um harmlose, unauffällige Merkmale, teilweise aber auch um schwere Erbkrankheiten.

1.1 Einfach beobachtbare Merkmale bei Menschen

Beispiele für einfach beobachtbare Merkmale:

- 63 % der Mitteleuropäer empfinden Phenylthioharnstoff (PTC) als deutlich bitter, 37 % können diesen Stoff nicht wahrnehmen. Die Schmeckfähigkeit von PTC beruht auf der Anwesenheit des Enzyms Thyrosiniodinase, das PTC spaltet und für die Geschmackszellen zugänglich macht. „Nichtschmeckern" fehlt dieses Enzym.
- Bei knapp 50 % der Menschen tritt nach dem Verzehr von Spargel ein auffallender Uringeruch auf, die andere Hälfte der Menschen scheidet diesen Geruch nicht aus. Ursache für den Geruch sind Abbauprodukte von Stoffen im Spargel zu schwefelhaltigen, streng riechenden Verbindungen. Der Abbau wird durch ein Enzym katalysiert, das „Nichtausscheidern" der Geruchsstoffe fehlt.

Dominant ist das Gen für das Enzym Thyrosiniodinase (Schmeckfähigkeit), **rezessiv** das „fehlende Gen" für das Enzym (Nichtschmecker). Beim Ausscheiden des Spargelgeruchs ist das Gen für Ausscheiden **dominant**, das „Gen für Nichtausscheiden" **rezessiv**.
Einschränkend gilt, dass die Anlagen für diese Merkmale vermutlich nicht ideal monogen vererbt werden und dass außerdem die Möglichkeit einer fehlenden Penetranz besteht, d. h., trotz Anwesenheit eines Gens ist das Genprodukt phänotypisch nicht nachweisbar.

Penetranz: Maß für die Ausbildungswahrscheinlichkeit eines Merkmals bei einer bestimmten Allelkombination

1.2 Autosomal bedingte Erbleiden bei Menschen

Ein **autosomales** Erbleiden wird durch ein Allel auf den Autosomen verursacht.

Der Nachweis der Dominanz oder der Rezessivität des für die jeweilige Erkrankung verantwortlichen Gens wird über Stammbaumuntersuchungen geführt. Zur Aufstellung von Erbgängen und Familienstammbäumen bedient man sich einer einheitlichen Symbolik (Abb. 97 und Abb. 98).

Autosomal-dominanter Erbgang

Folgende Krankheiten treten in bestimmten Familien gehäuft und geschlechtsunabhängig auf:

- **Chondrodystropher Minderwuchs** (Achondroplasie): Häufigkeit etwa 2:100 000. Verkürzte Extremitäten durch Störung im Bereich der Knochenepiphysen, sattelförmige Nase, breite Stirn.
- **Brachydaktylie** (Kurzfingrigkeit): Häufigkeit 1:200 000. Verkürzung einzelner Finger oder Zehen.
- **Marfan-Syndrom** (Spinnenfingrigkeit): Häufigkeit 1–2:10 000. Hochwuchs mit langen Extremitäten, Trichterbrust, Rippen- und Augapfelverformungen, Schäden am Aortenbogen und an Gelenken.

Pleiotropie: Auswirkung einer Mutation auf mehrere Merkmale

Die Erscheinung, dass sich ein Gen in vielfacher Weise auf den Phänotyp auswirkt, nennt man **Pleiotropie (= Polyphänie)**.

Chorea Huntington
→ siehe S. 150

- **Chorea Huntington:** Häufigkeit 1–5:100 000. Progressive, unheilbare Gehirnerkrankung, Betroffene leiden an motorischen und mentalen Störungen.
- **Polydaktylie** (Vielfingrigkeit): Häufigkeit 1:3 000. Zusätzliche Finger oder Zehen, schon von PLINIUS d. Ä. beschrieben.

Plinius der Ältere (ca. 23–79 n. Chr.): Römischer Schriftsteller und Gelehrter

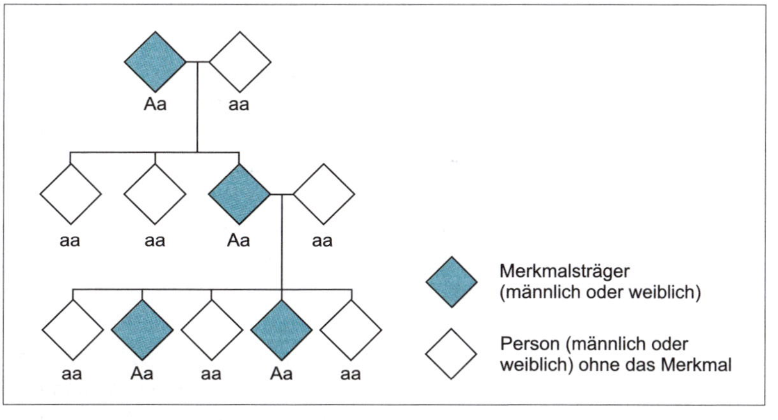

Abb. 97: Vererbung einer autosomal-dominanten Krankheit in einer Familie (kein statistischer Stammbaum!).

Alle diese Krankheiten werden durch **dominante** Gene verursacht, d. h., die Krankheit kann sich bereits bei Vorliegen nur eines entsprechenden Allels manifestieren. Bei einigen dieser dominant vererbten Gene führt Homozygotie (also AA) zum Tod. Man spricht in solchen Fällen von **Letalfaktoren**.

Letalfaktoren bewirken den Tod des Embryos.

Die durch dominante Gene hervorgerufenen Störungen können stark in ihrer Ausprägung variieren (sie haben unterschiedliche „Expressivität") sowie im Zeitpunkt ihres Auftretens (unterschiedliches Manifestationsalter). Bei einigen Krankheiten (z. B. erblicher Augenkrebs) ist nachgewiesen, dass trotz Vorhandensein des dominanten Gens der Ausbruch der Krankheit ausbleiben kann (fehlende **Penetranz**).

Penetranz → siehe S. 118

Autosomal-rezessiver Erbgang

Ein anderer Typus von Erbkrankheiten tritt erst auf, wenn zwei mutierte Allele zusammentreffen. Beispiele dafür sind:

- **Albinismus:** Häufigkeit 1,5 : 20 000. Pigmente in der Haut und in den Haaren fehlen, rote Iris.
- **Phenylketonurie:** Häufigkeit 1 : 10 000. Durch eine überhöhte Menge an Phenylbrenztraubensäure kommt es bei unbehandelten Patienten zu schweren Störungen in der Entwicklung des Gehirns.
- **Galaktosämie:** Häufigkeit 1 : 40 000. Durch Fehler im Galaktosestoffwechsel reichert sich Galaktose in den Zellen an, was u. a. die geistige und motorische Entwicklung beeinträchtigt.
- **Mukoviszidose:** Häufigkeit 1 : 1 000. Eine Funktionsstörung der endokrinen Drüsen bewirkt fortschreitende krankhafte Veränderungen an Bauchspeicheldrüse, Lunge und anderen Organen.
- **Leucinose** (Ahornsirupkrankheit): Häufigkeit 1 : 200 000. Der Aminosäurestoffwechsel ist gestört. Ohne spezielle Diät ist die Erkrankung meist schon nach wenigen Wochen lebensbedrohlich.
- **Alkaptonurie** (Schwarzharn): Häufigkeit 4 : 1 000 000. Der Tyrosin-Stoffwechsel ist gestört, multiple Gelenkerkrankungen sind die Folge. Urin färbt sich durch erhöhte Ausscheidung von Homogentisinsäure bei Zugabe von Basen schwarz.
- **Erblicher Kretinismus:** Häufigkeit 1 : 50 000. Durch Störungen der Schilddrüsenfunktion kommt es zu Missbildungen und Minderwuchs.

→ siehe S. 24
→ siehe S. 23
→ siehe S. 151

Die oben genannten Krankheiten werden rezessiv vererbt, d. h., erst wenn zwei entsprechende Allele vorhanden sind, tritt die Krankheit auf. Heterozygote Genträger sind gesund, man kann jedoch bei bestimmten Genen den heterozygoten Zustand biochemisch nachweisen **(Heterozygotentest)**. Da bei Verwandtenehen im Vergleich zu Nichtverwandten die Wahrscheinlichkeit viel größer ist, dass zwei gleichartige rezessive Allele zusammentreffen, hat der Gesetzgeber Verwandtenehen verboten.

Heterozygotentest: Test eines Probanden auf das heterozygote Vorliegen eines rezessiven Allels → siehe S. 23

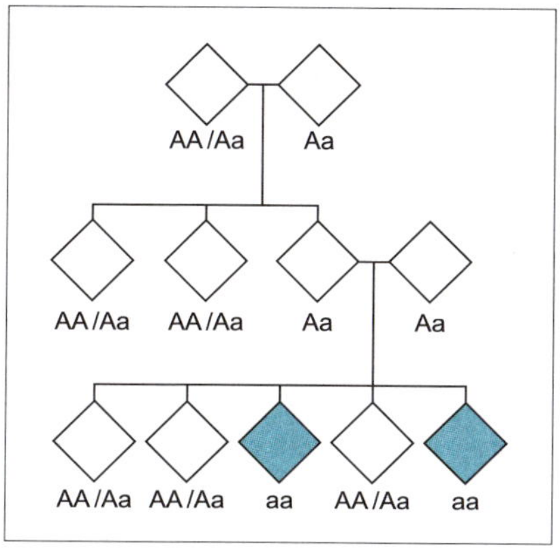

Abb. 98: Vererbung einer autosomal-rezessiven Krankheit in einer Familie (kein statistischer Stammbaum)

1.3 Die Vererbung der Blutgruppen beim Menschen

AB0-System

Mischt man je einen Tropfen Blut mit je einem Tropfen Testserum mit der Bezeichnung Anti-A, Anti-B und Anti-AB, dann kann man nach dem Schema in Tab. 13 entweder eine Verklumpung oder keine Veränderung beobachten. Die Verklumpung erklärt sich durch eine Reaktion von Antikörpern im Testserum mit passenden Antigenen auf der Oberfläche der Blutkörperchen.

Agglutination bedeutet, dass sich Antikörper an die Antigene von Zellen anlagern und diese miteinander verkleben.

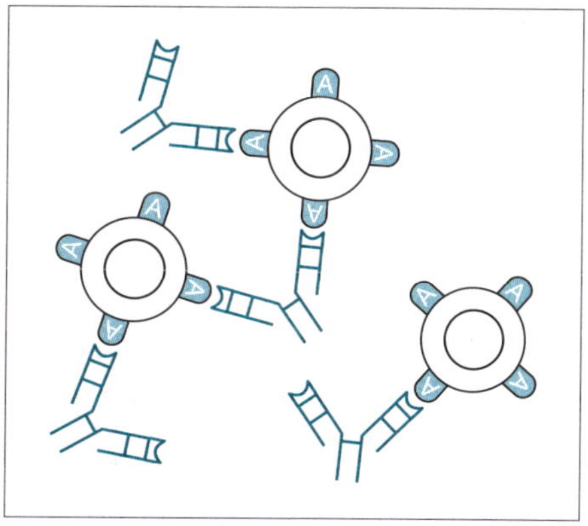

Abb. 99: Erklärung der Agglutination: Im Beispiel reagiert Antigen „A" auf den Blutzellen mit dem Antikörper „Anti-A".

		Antikörper im Testserum		
		Anti-A	Anti-B	Anti-AB
Antigene auf der Oberfläche der Blutkörperchen	A	+	o	+
	B	o	+	+
	AB	+	+	+
	0	o	o	o

Tab. 13: Verklumpungsschema für die menschlichen Blutgruppen (+ = Verklumpung, o = keine Verklumpung)

Das Testserum selbst wurde aus dem Serum einer anderen Blutgruppe nach dem Schema in Tab. 14 gewonnen.

Personen mit der Blutgruppe	A	B	AB	0
haben auf den Blutkörperchen das Antigen	A	B	A und B	keines
haben im Blutserum die Antikörper	Anti-B	Anti-A	keine	Anti A und Anti B

Tab. 14: Blutgruppenantigene und korrespondierende Antikörper

Genetik des AB0-Systems

Multiple Allele: Die verschiedenen Zustandsformen eines Gens, das in mehr als zwei Allelformen vorkommt

Amorphes Gen: Gen, das sich nicht phänotypisch manifestiert

Kodominante Vererbung: Genkombination, bei der sich von zwei Allelen beide phänotypisch auswirken

Die Bildung der Blutgruppenantigene A, B und 0 wird durch die Allele A, B und 0 gesteuert, die auf dem homologen Chromosomenpaar Nr. 9 sitzen. Je zwei der drei Gene bilden den Anlagenbestand einer Person. Da in diesem Fall mehr als zwei Allelvarianten an einem Genort vorkommen, spricht man von **multiplen Allelen** bzw. **multipler Allelie**.

Blutgruppe 0 bedeutet, dass weder Antigen A noch Antigen B festgestellt werden können, es handelt sich um ein **amorphes Gen**.

Allel 0 verhält sich gegenüber Allel A und B gleichsam rezessiv, während beim Vorliegen der Allele A und B beide Antigene entstehen, was zu der Blutgruppe AB führt. Dieses Verhalten der Allele A und B zueinander nennt man **kodominant**.

Blutgruppe Phänotyp	A	B	0	AB
möglicher Genotyp	AA oder A0	BB oder B0	00	AB

Tab. 15: Mögliche Genotypen der menschlichen Blutgruppen

Durch verfeinerte Tests kann man **Untergruppen** der Blutgruppe A unterscheiden, die sich durch verschieden starke Agglutination auszeichnen. Dabei dominiert das Allel A_1 über A_2 und A_2 über A_3. Einige Beispiele für Untergruppen gibt die Tab. 16 an:

Blutgruppe Phänotyp	A_1	A_2
möglicher Genotyp	A_10 oder A_1A_1 oder A_1A_2	A_20 oder A_2A_2

Tab. 16: Mögliche Genotypen der Untergruppen der Blutgruppe A

Rhesusfaktor: Antigen-System auf den roten Blutkörperchen. 85 % der Bevölkerung besitzen den Faktor, sie sind rhesuspositiv (Rh^+), die restlichen 15 % besitzen ihn nicht, sie sind rhesusnegativ (Rh^-).

Das Rh-System

Ein weiteres Antigen auf der Oberfläche von Blutkörperchen, das zunächst bei Rhesusaffen, später auch beim Menschen entdeckt wurde, ist der **Rhesusfaktor**. Auch dieser Faktor wird mithilfe eines Testserums bestimmt. Eine Verklumpung des Blutes weist den Faktor nach. Die Gene für den Rh-Faktor liegen auf dem Chromosom Nr. 1 und werden mit D (dominant, für Rh^+) und d (rezessiv, für Rh^-) bezeichnet. Dementsprechend haben rhesusnegative Personen zwingend dd, während rhesuspositive Personen entweder homozygot (DD) oder heterozygot (Dd) sein können.

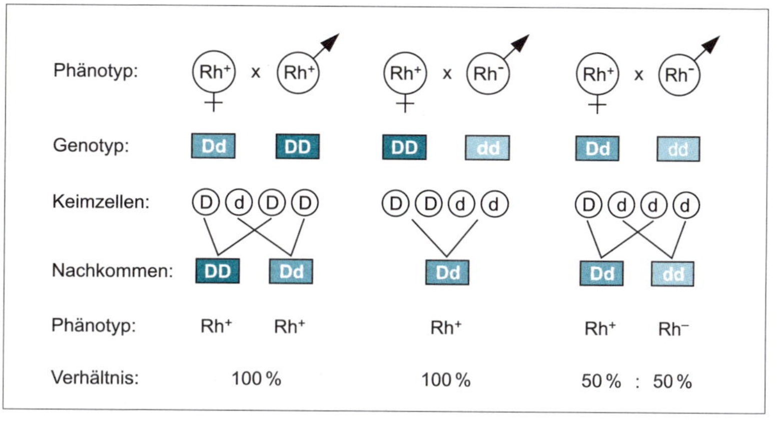

Abb. 100: Vererbung des Rhesus-Faktors nach den Regeln des dominant-rezessiven Erbgangs; D = rhesuspositiv, d = rhesusnegativ

Erythrozyten: Rote Blutkörperchen

Hämolyse: Auflösung der roten Blutkörperchen

Immuninduktion: Auslösen einer Antwort des Immunsystems

Der Rhesusfaktor hat eine besondere **klinische Bedeutung** bei der Schwangerschaft einer rhesusnegativen Frau, die zu einem früheren Zeitpunkt (z. B. bei einer früheren Geburt) bereits eine gewisse Menge Antikörper gegen Rh^+-Blutkörperchen gebildet hat. So sensibilisiert wird sie, wenn sie wieder ein rhesuspositives Kind erwartet, gegen die Rh^+-Erythrozyten des Kindes verstärkt Antikörper bilden. Diese können in den Blutkreislauf des Kindes übertreten und die fetalen Erythrozyten durch Hämolyse schädigen. Heute wird eine Schädigung des Kindes dadurch vermieden, dass man rhesusnegative Erstgebärende sofort nach der Geburt eines rhesuspositiven Kindes mit menschlichen Rh-Antikörpern behandelt. Dadurch wird die Immuninduktion im Körper der Mutter verhindert.

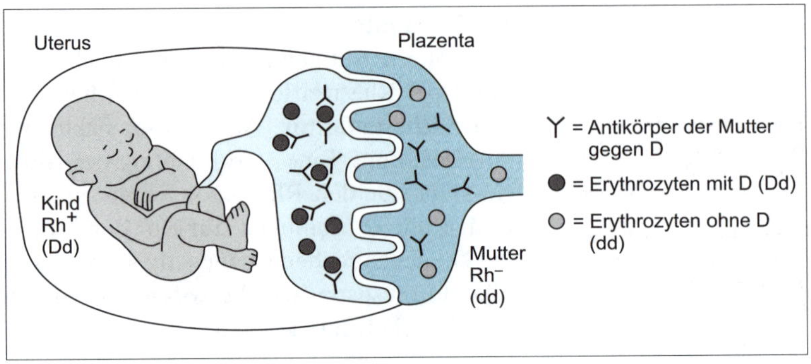

Abb. 101: Schema zur Rhesusunverträglichkeit. Eine bereits (durch eine erste Schwangerschaft) sensibilisierte rhesusnegative Mutter besitzt und bildet Antikörper gegen den Rh-Faktor ihres rhesuspositiven Kindes.

Abstammungsnachweis

Aus den Überlegungen zur Genetik der Blutgruppen ergeben sich bestimmte zwingende Eltern-Kind-Zuordnungen.

Die in Tab. 17 aufgeführten Beispiele werden verständlich, wenn man für die Phänotypen die möglichen Genotypen angibt und dazu jeweils ein Erbschema erstellt. Überlegungen dieser Art finden bei gerichtlichen Gutachten Anwendung, wenn z. B. die Vaterschaft zweifelhaft ist. In Fällen, in denen diese einfache Blutgruppenzuordnung nicht ausreicht, kann man zu den Blutgruppen auch noch den Rhesusfaktor und eine Reihe weiterer Bluteigenschaften hinzunehmen. In den meisten Fällen ist dann eine eindeutige Entscheidung über die Vaterschaft möglich.

Mutter Blutgruppe	Kind Blutgruppe	mögliche Väter Blutgruppe	nicht mögliche Väter Blutgruppe
0	0	0, A_1, A_2, B	A_1B, A_2B
0	A_1	A_1, A_1B	0, A_2, B, A_2B
B	B	0, A, B, AB	keine
B	A_1B	A_1, A_1B	0, A_2, B, A_2B
A_1B	A_1B	A_1, B, AB	0, A_2
usw.	usw.	usw.	usw.

Tab. 17: Beispiele für einige mögliche und nicht mögliche Blutgruppenzuordnungen von Eltern und Kindern

Inzwischen wurde die Methode der Blutgruppenuntersuchung für einen Vaterschaftsnachweis oder in der Kriminalistik weitgehend durch die direkte DNA-Untersuchung aus Blut-, Sperma- oder anderen Gewebespuren (**genetischer Fingerabdruck**, siehe S. 141) ersetzt.

2 Diagnose von Erbkrankheiten – schon vor der Geburt

Die **pränatale Diagnostik** dient dem vorgeburtlichen Nachweis von Erbkrankheiten.

2.1 Methoden der pränatalen Diagnostik

Zu den wichtigsten Methoden zur vorgeburtlichen Erkennung von genetischen Anomalien zählen die Amniozentese und die Chorionzottenbiopsie.

Die **Amnionhöhle** ist ein flüssigkeitsgefüllter Raum, in dem der Fetus liegt.

Amniozentese: Entnahme von Fruchtwasser durch Punktion und dessen Untersuchung

Fetus oder **Fötus** heißt der Keim ab der 9. Woche nach der Befruchtung.

Morphologische Merkmale betreffen die äußere Gestalt.

Chromosomenaberrationen → siehe S. 78 ff.

Amniozentese

Bei dieser Untersuchung wird ab der 13. Woche der Schwangerschaft zunächst die Lage des Fetus und der Plazenta mit Ultraschall lokalisiert, dann wird die Fruchtblase durch die Bauch- und Gebärmutterwand hindurch punktiert und eine kleine Probe Fruchtwasser entnommen. Danach werden die Fetuszellen durch Zentrifugieren des Fruchtwassers angereichert. Bereits aus dem Überstand kann man durch biochemische Tests bestimmte Krankheiten diagnostizieren. Die fetalen Zellen selbst können auf morphologische Merkmale hin untersucht werden. Die meisten genetischen Defekte kann man jedoch erst nach Anlegen einer Zellkultur erkennen. Dazu züchtet man die Zellen des Fetus zu Klonen heran, die man dann biochemisch und mikroskopisch untersucht. Praktisch alle Chromosomenaberrationen (Mono- und Trisomien, Deletionen, Translokationen) sowie viele Stoffwechselkrankheiten lassen sich auf diese Weise vorgeburtlich bestimmen.

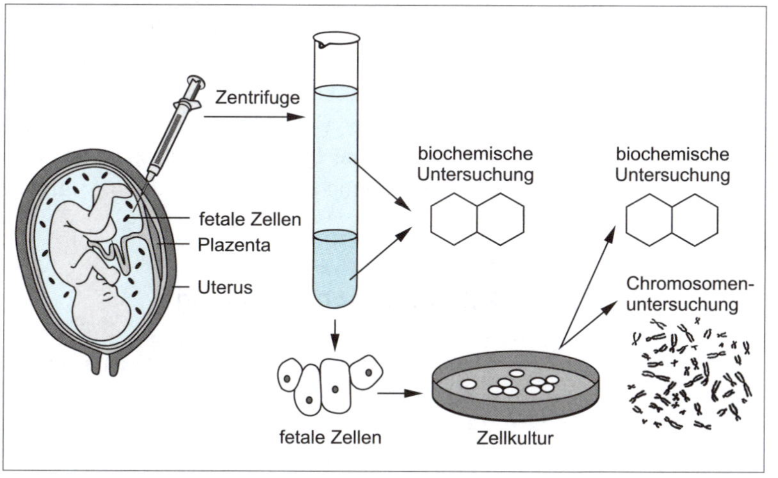

Abb. 102: Pränatale Diagnose durch Amniozentese

Chorion: Außenmembran des Fruchtwassersacks

Chorionzottenbiopsie: Entnahme von Gewebeproben der Chorionzotten

Trophoblast: Äußere Zellschicht des Keimbläschens (Blastozyste)

Embryo heißt der Keim von der Befruchtung bis zur 9. Schwangerschaftswoche.

Chorionzottenbiopsie

Bereits ab dem Ende des 2. Schwangerschaftsmonats kann man bei Schwangeren **Chorionzotten** mit Trophoblastenzellen des Kindes gewinnen. Die Lage des Embryos wird mit Ultraschall oder mit dem Endoskop festgestellt, dann werden die Zellen mit speziellen Kathetern abgesaugt. Die Untersuchung dieser Chorion-Zellen gestattet eine frühere Diagnose genetischer Defekte als die Amniozentese.

Nabelschnurpunktion

Nach einer direkten Entnahme einer Blutprobe aus der Nabelschnurvene (Nabelschnurpunktion) des Ungeborenen ab der 20. Schwangerschaftswoche ist eine Untersuchung auf die Zusammensetzung des fetalen Blutes, auf Blutgruppenunverträglichkeit, auf chromosomale Schäden u. a. möglich. Dazu wird die Nabelschnurvene des Ungeborenen durch die Bauchdecke der Schwangeren mit Ultraschall lokalisiert, mit einer Nadel punktiert und 1–2 ml Blut entnommen. Das Verfahren ist wie die Amniozentese und die Chorionzottenbiopsie nicht ohne Risiko für Mutter und Kind. Sie wird nur bei medizinischer Indikation durchgeführt.

Bluttest auf Trisomie 21

Seit 2012 können besorgte Eltern einen risikofreien Test auf Trisomie 21 durchführen lassen. Es wird dazu lediglich etwas Blut der Schwangeren benötigt. Der Test beruht darauf, dass sich im mütterlichen Blut auch genetisches Material des Kindes nachweisen lässt, das über die Plazenta ins Blut der Mutter gelangt ist. Wenn sich in der Blutprobe besonders häufig DNA-Sequenzen des kindlichen Chromosoms 21 nachweisen lassen, so besteht der Verdacht auf Trisomie 21.
Die Einführung des Tests hat die Diskussion um die pränatale Diagnose von Erbkrankheiten verstärkt. Kritiker meinen, dass durch die Früherkennung der Entschluss zur Abtreibung erleichtert wird, aber auch, dass betroffene Eltern, die sich z. B. aus ethischen Gründen nicht für eine Abtreibung entscheiden wollen, stigmatisiert werden.

2.2 Genetische Beratung

Eltern, die ein Kind erwarten, beschäftigt die Frage nach dessen Gesundheit. Für eine genetische Beratung sind die humangenetischen Institute der Universitäten die beste Anlaufstelle. Einen Kontakt zu solchen Instituten kann jeder Arzt herstellen.

Die genetische Beratung verfolgt im Wesentlichen zwei Ziele:
- Optimale Betreuung und Behandlung von Menschen mit genetisch bedingten Erkrankungen und deren Angehörigen.
- Fachkundige Beratung von Ratsuchenden über das Risiko von erblichen Erkrankungen bei ihren Nachkommen.

Es ist jedoch **nicht** das Ziel der genetischen Beratung, den Genbestand der Bevölkerung zu beeinflussen.

Die genetische Beratung erfolgt freiwillig und wird von den Krankenkassen bezahlt. Auf der Basis dieser Beratung kann ein ratsuchendes Paar über das **Risiko** für eine bestimmte Erbkrankheit bei künftigen Kindern aufgeklärt werden.
Entschließt sich eine Frau, im Zusammenhang mit einer genetischen Beratung auch eine pränatale Diagnose durchführen zu lassen, können weitere Maßnahmen angedacht werden. Oft zeigt die vorgeburtliche Untersuchung, dass das erwartete Kind keinen Gendefekt aufweist, was für die betreffende Familie eine große Erleichterung darstellt. Falls dagegen beim Embryo eine Erbkrankheit diagnostiziert wird, kann die pränatale Diagnose helfen, sich psychisch besser auf das kranke Kind einzustellen und möglichst früh eine **Therapie** einzuleiten. Handelt es sich um ein schweres Erbleiden, für das es noch keine Behandlungsmöglichkeiten gibt, kann sich die betreffende Frau für den Abbruch der Schwangerschaft entscheiden. Der Gesetzgeber in der Bundesrepublik Deutschland erlaubt bei genetischer Indikation einen Schwangerschaftsabbruch bis zur 22. Woche.
In folgenden Fällen scheint es ratsam, eine genetische Beratung in Anspruch zu nehmen:
- Ein gesundes Paar hat bereits ein Kind mit einer erblich bedingten Krankheit und möchte das Wiederholungsrisiko bei weiteren Kindern kennen.
- Die Ratsuchenden sind miteinander verwandt.
- Einer der beiden Partner hat selbst eine Erbkrankheit und möchte das Risiko für die Erkrankung bei eigenen Kindern ermitteln.
- Bei einem der Ratsuchenden gibt es in der Verwandtschaft einen oder mehrere Fälle von Erbkrankheiten.
- Die Schwangere ist älter als 34 Jahre.
- Eine Frau hat ohne ausreichenden Impfschutz vor Röteln in der Schwangerschaft eine Rötelninfektion durchgemacht.
- Eine Frau hat ohne erkennbare Ursachen schon mehrere Fehlgeburten hinter sich.
- Eine Schwangere muss in der Schwangerschaft bestimmte Medikamente, z. B. zellteilungshemmende Mittel gegen Krebs (Zytostatika), einnehmen.

2.3 Exkurs „Eugenik“

Eugenik: gr. *eugenes* wohlgeboren; veralteter Begriff für die Anwendung humangenetischer Erkenntnisse auf die Bevölkerungspolitik.

Unter dem Begriff „Eugenik“ diskutierte man vor allem zu Beginn des 20. Jahrhunderts Maßnahmen, die der Aufwertung des Erbgutes der Bevölkerung dienen sollten. Der Engländer F. GALTON, der diesen Begriff prägte, war ein Vetter von CHARLES DARWIN und ließ sich von dessen Selektionstheorie inspirieren. Seine Vorstellungen von Eugenik beruhten auf der Idee, man könne den Verlust der natürlichen Selektion beim Menschen durch eine soziale Selektion ersetzen. Eine rassistische Pervertierung erfuhren eugenische Ideen im Nationalsozialismus des Dritten Reiches. Man begründete diese mit einer biologisch völlig unhaltbaren Rassenideologie, die der sogenannten „arischen (nordischen) Rasse“ alle guten, anderen Menschen die schlechten Eigenschaften zuordnete. Dies führte so weit, dass mit den Nürnberger Gesetzen Ehen zwischen Juden und Deutschen verboten wurden und schließlich Millionen von Menschen verfolgt und getötet wurden, weil man sie einer „minderwertigen Rasse“ zuteilte. Erbkrankheiten und geistige Behinderungen versuchte man durch drastische Maßnahmen zu beseitigen, indem man Menschen mit solchen genetisch bedingten oder umweltbedingten Beeinträchtigungen zwangssterilisierte oder sogar tötete.

Zusammenfassung

- Die **mendelschen Regeln gelten auch für den Menschen**. Dies lässt sich an zahlreichen Merkmalen, an genetisch bedingten Krankheiten und bei der Vererbung der Blutgruppen nachweisen.
- Zu den wichtigsten Blutgruppensystemen beim Menschen gehören das **AB0-System** und das **Rhesus-System**, die sich über das Vorkommen bestimmter Antigene auf der Oberfläche der roten Blutkörperchen definieren. Das AB0-System ist ein Beispiel für **multiple Allelie**. Die Allele A und B sind dominant gegenüber dem Allel 0 und verhalten sich zueinander kodominant. Blutgruppen können zum Verwandtschaftsnachweis herangezogen werden.
- Viele genetische Defekte lassen sich schon während der Schwangerschaft erkennen. Wichtige Methoden, die bei der **pränatalen Diagnostik** zum Einsatz kommen, sind die **Amniozentese** und die **Chorionzottenbiopsie**.
- Ratsuchende Eltern können sich zur genetischen **Beratung** an humangenetische Beratungsstellen wenden.

Gentechnik – Die Arbeit mit Genen

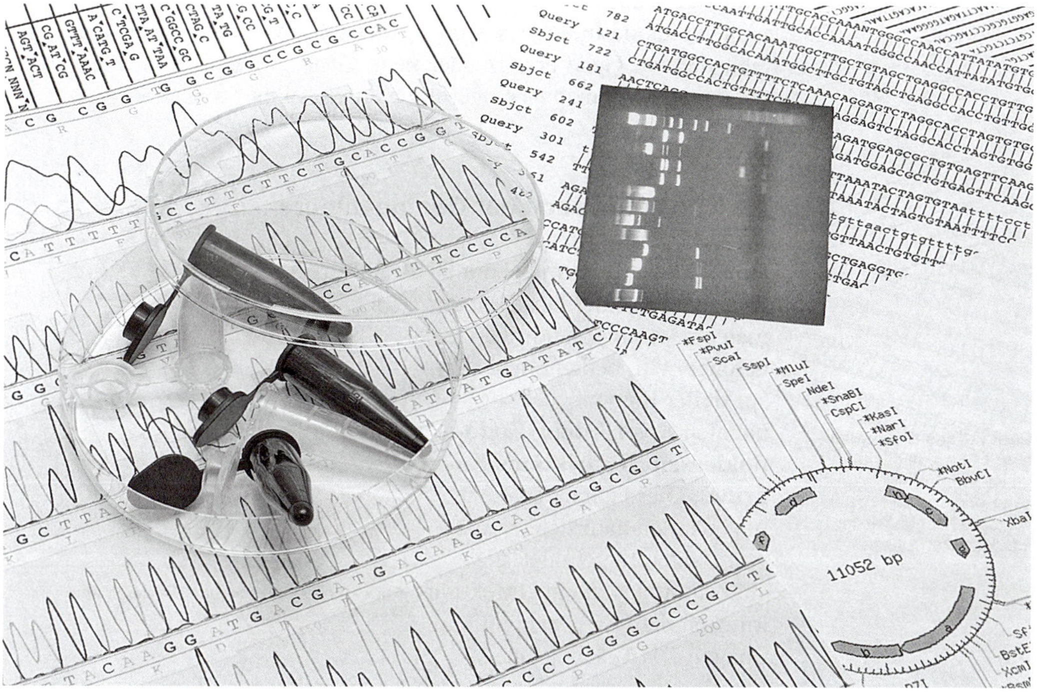

Belege gentechnischer Untersuchungen: Basenabfolgen als Ergebnis einer Sequenzierung, das Foto einer Gelelektrophorese und Schemazeichnung eines Plasmids mit den Schnittstellen von Restriktionsenzymen.

1 Genetische Manipulation

Unter genetischer Manipulation (engl. *genetic engineering)* versteht man molekularbiologische und genetische Methoden, bei denen gezielt defekte Gene ersetzt oder neue Gene in das Genom einer Zelle oder eines Organismus eingesetzt werden sollen.

1.1 Die Werkzeuge der Geningenieure

Restriktionsenzyme – die DNA-Scheren

Restriktions-Endonuklease: Enzym, das in der Lage ist, ein DNA-Molekül an einer begrenzten Anzahl von spezifischen Nukleotidsequenzen zu schneiden

Zum Öffnen einer DNA, an der man eine Manipulation vornehmen will, bedient man sich spezieller Enzyme, der sogenannten **Restriktions-Endonukleasen (Restriktions-Enzyme)**. Diese „Scheren-Enzyme" werden natürlicherweise von Bakterien gebildet, die sich damit gegen eine Infektion mit fremder DNA, namentlich Phagen-DNA, schützen.

5'—G—A—A—T—T—C—3'
3'—C—T—T—A—A—G—5'

wird durch Endonuklease geöffnet zu:

—A—A—T—T—C—3'
5'—G— **und** —G—5'
3'—C—T—T—A—A—

Abb. 103: Öffnung einer DNA durch eine Restriktions-Endonuklease

Die Restriktions-Endonukleasen lassen sich wegen ihrer hohen Spezifität im Experiment gezielt einsetzen. Die Restriktions-Endonuklease EcoRI (lies: Eco-er-eins) stammt aus dem Bakterium *E. coli*. EcoRI schneidet die fremde DNA an bestimmten Basensequenzen.

Palindrom: Wörter oder Sätze, die vorwärts und rückwärts gelesen denselben Sinn ergeben

Dabei öffnen die Endonukleasen die DNA immer an solchen Stellen, an denen die Basensequenzen in beiden Leserichtungen der DNA gleich sind (Palindromsequenz). EcoRI schneidet an der Palindromsequenz GAATTC jeweils zwischen G und A. Überstehende Einzelstrangenden haben dann die Basensequenz 3' TTAA 5'. Über Wasserstoffbrückenbindungen lassen sich die geöffneten Stellen wieder zusammenfügen, weshalb man sie als „klebrige Enden" *(sticky ends)* bezeichnet.

Ligase: Enzym, das eine aufgetrennte Phosphodiesterbindung in Nukleinsäuren wieder schließen kann

Ligase – der DNA-Klebstoff

Ligasen sind Enzyme, die in allen Zellen bei der Replikation oder bei der Reparatur der DNA benötigt werden. Sie dienen dazu, benachbarte Nukleotide (durch Phosphodiesterbindungen) miteinander zu verknüpfen. Die gleiche Reaktion katalysieren sie an DNA-Fragmenten auch im Reagenzglas. Auf diese Weise werden z. B. die klebrigen Enden von DNA-Stücken miteinander verbunden. Sogar DNA-Stücke, die aus sehr unterschiedlichen Organismen wie Bakterien, Mäusen oder Menschen stammen, können untereinander mithilfe von Ligasen zusammengefügt werden.

Vektoren – die DNA-Transportmittel

Ein weiteres Werkzeug der Geningenieure sind sogenannte **Vektoren**, die als „Transportmittel" genutzt werden und dazu dienen, bestimmte Gene in die Wirtszellen zu übertragen. Als Vektoren eignen sich Viren, Phagen oder Plasmide. Am Beispiel eines Plasmidvektors wird das Vorgehen im Folgenden näher beschrieben.

1.2 Klonierung biochemisch rekombinierter DNA

Das grundsätzliche Vorgehen beim Klonieren von DNA läuft folgendermaßen ab (Abb. 104):

- Ein DNA-Stück, das zu klonierende Gen, wird in ein anderes DNA-Molekül, das Vektor-Molekül, eingebaut. Es entsteht ein rekombiniertes DNA-Molekül.
- Dieses rekombinierte DNA-Molekül wird in eine Wirtszelle eingeschleust.
- In der Wirtszelle veranlasst der Vektor die Vervielfältigung des rekombinierten DNA-Moleküls.
- Bei der Teilung der Wirtszelle werden Kopien des rekombinierten DNA-Moleküls an die Nachkommen weitergegeben.

Als **Vektor** für die Fremd-DNA verwendet man häufig das **Plasmid pBR322**. Dieses Plasmid ist replikationsfähig, es besitzt dafür einen Replikations-Startbereich, zusätzlich aber auch noch eine Erkennungsmarke (hier das **Markergen** „Ampicillin-Resistenz") und eine weitere Erkennungsstelle, in der geschnitten werden kann (hier eine Tetracyclin-Resistenz). Das Zerschneiden der Spender-DNA (z. B. auch Säuger-DNA) und das Öffnen des Plasmid-Ringes geschieht durch dieselbe **Restriktions-Endonuklease**, z. B. EcoRI. Die Fremd-DNA lässt sich wegen der übereinstimmenden klebrigen Enden in den geöffneten Plasmid-Ring einfügen. Das geschieht im Reagenzglas durch Mischen und zufällige Rekombination. Nach dem Schließen des Vektor-Ringes durch das Enzym **Ligase** wird die eingeschlossene Fremd-DNA von nun an stets als „Passagier" mitgenommen.
Einen solchen Vektor mit eingebauter Fremd-DNA nennt man auch **Hybrid-Vektor**.

Hybrid: Kreuzungsprodukt

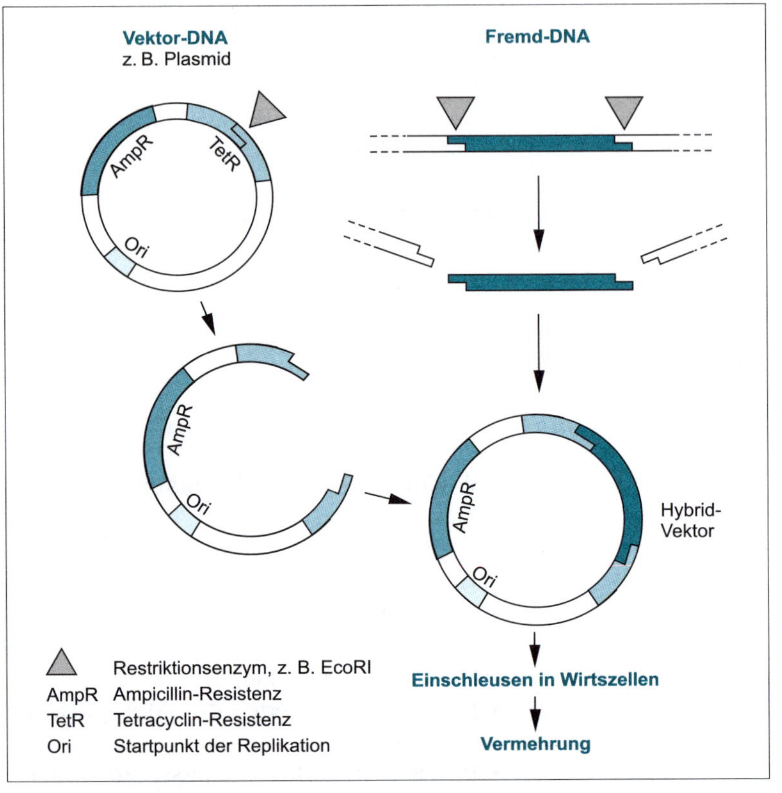

Abb. 104: Prinzip der Klonierung. Ein Fremd-DNA-Fragment wird mithilfe eines Restriktionsenzyms ausgeschnitten und in eine Vektor-DNA überführt. In dieser Form kann das Gen in Wirtszellen eingeschleust und dort selektiert und beliebig vermehrt werden.

Transformation
→ siehe S. 33 f.

Hybrid-Vektoren, deren Replikations-Startbereich nach diesem Vorgehen nicht beschädigt wurde, sind noch vermehrungsfähig. Sie werden durch **Transformation** in besonders vorbehandelte (kompetente) *E.-coli*-Zellen eingeschleust. Allerdings ist die Wahrscheinlichkeit für eine erfolgreiche Transformation des Vektors sehr gering (Verhältnis 1:10 Millionen). Daher muss man diejenigen Bakterien, die den gesuchten Hybrid-Vektor besitzen, ausselektieren. Das gelingt, indem man ampicillin- und tetracyclinsensitive Bakterien verwendet. Alle behandelten Bakterien werden zunächst auf ampicillinhaltigem Nährboden ausgebracht. Können sie auf dem Nährboden wachsen, haben sie ein Plasmid (sei es ohne oder mit Fremd-DNA) aufgenommen.

Prinzip des Vorgehens
→ siehe Stempeltechnik S. 29 f.

Diese ampicillinresistenten Bakterien werden anschließend durch Überstempeln auf ein tetracyclinhaltiges Medium übertragen. Wenn sich dort bestimmte Kolonien als tetracyclinresistent erweisen, dann enthält ihr Plasmid keine Spender-DNA. Die tetracyclinsensitiven

Bakterien hingegen, die auf Tetracyclin nicht wachsen, werden durch einen Vergleich der Koloniemuster auf beiden Nährböden identifiziert. Sie besitzen nun Plasmide mit integrierter Fremd-DNA, da deren Einbau zum Verlust der Tetracyclinresistenz führt. Anschließend kann in einer Nährlösung eine Reinzucht der Bakterien mit dem Hybrid-Vektor angesetzt werden.

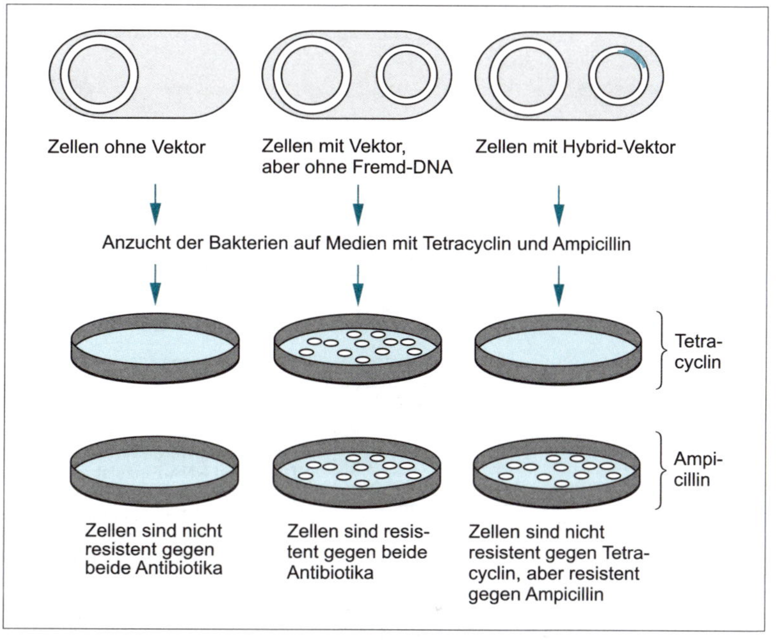

Abb. 105: Selektion von Zellklonen mit einem bestimmten Hybrid-Vektor. Durch den Besitz zwei verschiedener Gene für Antibiotika-Resistenzen ist eine Isolation der Rekombinanten möglich.

Von nun an wird in dieser Reinkultur bei jeder bakteriellen Vermehrung auch das Plasmid mit dem Fremd-Gen mitrepliziert. Diese Methode der Vermehrung der eingebauten DNA nennt man **Klonierung**, da die vervielfältigten DNA-Fragmente genetisch identisch sind (sie bilden einen Klon).

1.3 Erforschung von klonierten Genen

Gen-Bibliothek: Sammlung von DNA-Fragmenten, die in ihrer Gesamtheit das Genom eines Organismus repräsentieren

Zum Erstellen einer **Gen-Bibliothek** eines Organismus wird dessen gesamte DNA mit Restriktionsenzymen in Bruchstücke gespalten. Diese Fragmente werden – ähnlich wie in Abb. 104 dargestellt – in einen Vektor eingebaut, meist einen Phagen, der sich in Bakterien vermehren lässt. Endergebnis dieses Vorgehens ist eine Gesamtkollektion von rekombinanten DNA-Molekülen aus dem untersuchten Organismus.

Wie lassen sich aber aus der Fülle der verschiedenen Sequenzen gezielt diejenigen Gene ausfindig machen, die man näher untersuchen möchte?

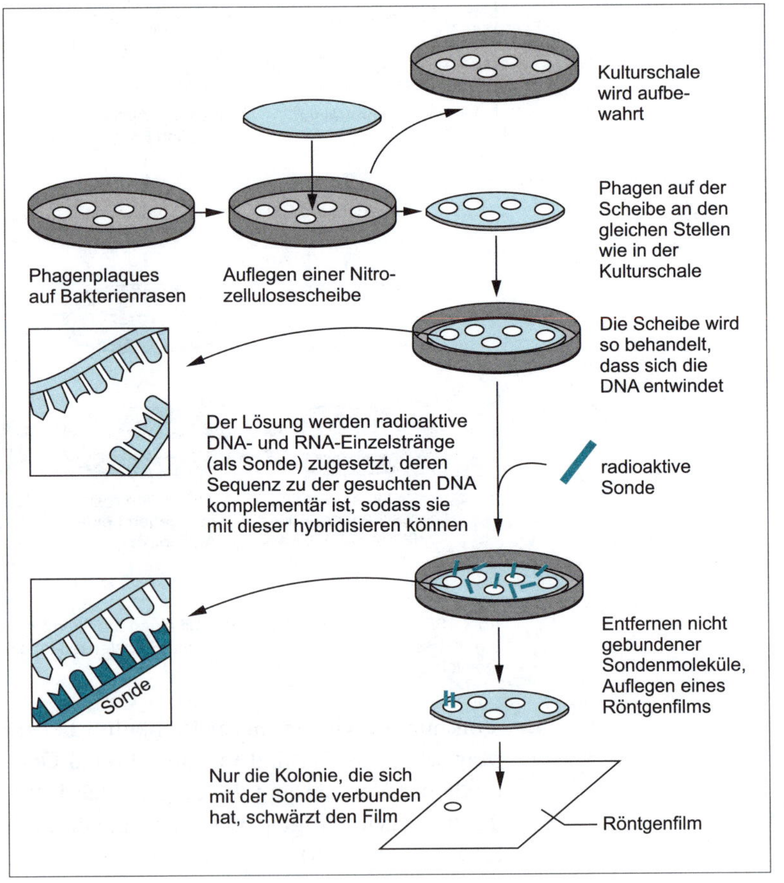

Abb. 106: Klon-Identifizierung mit einer radioaktiven Sonde

Denaturierung der DNA: Aufspaltung der DNA-Doppelhelix in Einzelstränge

Renaturierung der DNA: Zusammenschluss von zwei Einzelsträngen zu einem Doppelstrang

Das Verfahren der **Klon-Identifizierung** beruht auf dem Prinzip der DNA-Hybridisierung. Wird DNA erhitzt, entwindet sie sich und trennt sich in Einzelstränge auf, man nennt sie **denaturiert**. Senkt man die Temperatur, finden die Einzelstränge wieder zusammen, die Doppelhelix wird mit der richtigen Basenpaarung wiederhergestellt. Dieser Vorgang heißt **Renaturierung** oder **Hybridisierung**.

Zudem ist es notwendig, eine Eigenschaft des gesuchten Gens bereits zu kennen, entweder einen Teil der Basensequenz oder das Protein, das von diesem DNA-Abschnitt codiert wird.
Zur Identifizierung der Klone in der Bibliothek überträgt man die Phagenplaques oder die Bakterienkolonien mit den unterschiedlichen DNA-Fragmenten von der Agarplatte auf eine Folie aus Nitrozellulose. Die Folie wird anschließend so behandelt, dass die DNA-Stränge entwunden, d. h. in Einzelstränge zerlegt – denaturiert – werden. Nun kommen sogenannte **Gen-Sonden** zur Anwendung. Die Sonden hybridisieren genau an den komplementären Basensequenzen der gesuchten DNA.
Mithilfe eines Röntgenfilms (Autoradiografie) kann man die radioaktiven Markierungen identifizieren und mit der Lage in der ursprünglichen Kulturschale vergleichen. Die Plaques, die an der Stelle der radioaktiven Markierung liegen, enthalten das gesuchte Gen, das man nun von der Agarplatte isolieren und für weitere Untersuchungen verwenden kann.

Gen-Sonden: Radioaktiv oder durch Farbstoffe markierte, maßgeschneiderte einzelsträngige DNA-Fragmente, die eine zum gesuchten DNA-Abschnitt komplementäre Basensequenz aufweisen

Autoradiografie: Sichtbarmachen von chemischen Verbindungen durch Markierung mit radioaktiven Isotopen. Radioaktive Markierungen hinterlassen auf einem Röntgenfilm eine Schwärzung.

1.4 Sequenzanalyse der DNA

Im Jahr 1977 entwickelten A. Maxam und W. Gilbert eine aufsehenerregende Methode zur Ermittlung der Basensequenz einer DNA (**DNA-Sequenzierung**, Sequenzanalyse) durch basenspezifische chemische Spaltung (Abb. 107).
Die Untersuchung geht von einer doppelsträngigen DNA (A) aus, die zum späteren Wiedererkennen auf jeder Seite eines Einzelstrangs eine radioaktive Markierung erhält. Nun wird die DNA in die zwei markierten Einzelstränge (B) aufgetrennt. Diese werden anschließend auf vier Ansätze verteilt (C) und mit Lösungen bestimmter Chemikalien behandelt, die einzelne Nukleotide zerstören. Dies geschieht so selektiv, dass z. B. nur Nukleotide mit der Base G, nur Nukleotide mit der Base A **und** G, nur Nukleotide mit der Base T **und** C oder nur Nukleotide mit der Base C zerstört werden. So entstehen dann z. B. aus einem DNA-Strang, der drei G-Nukleotide enthält (D), sechs verschieden lange Fragmente (E), von denen je drei radioaktiv markiert sind. Diese Fragmente werden nun mithilfe der Gelelektrophorese getrennt (F). Dabei wandern kurze Fragmente weiter als lange (H). Nur die radioaktiv markierten Stücke sind für die Sequenzierung relevant. Man kann sie auffinden, wenn man das Gel mit einem strahlenempfindlichen Film bedeckt (G). Radioaktiv markierte Bruchstücke schwärzen den Film und werden dadurch sichtbar.

DNA-Sequenzierung: Ermittlung der Basensequenz eines DNA-Fragments

Eine **Alternative** zur Methode von Gilbert ist die „Kettenabbruchmethode“ nach Sanger.

Gelelektrophorese: Elektrophorese in einer Gelschicht → siehe S. 142

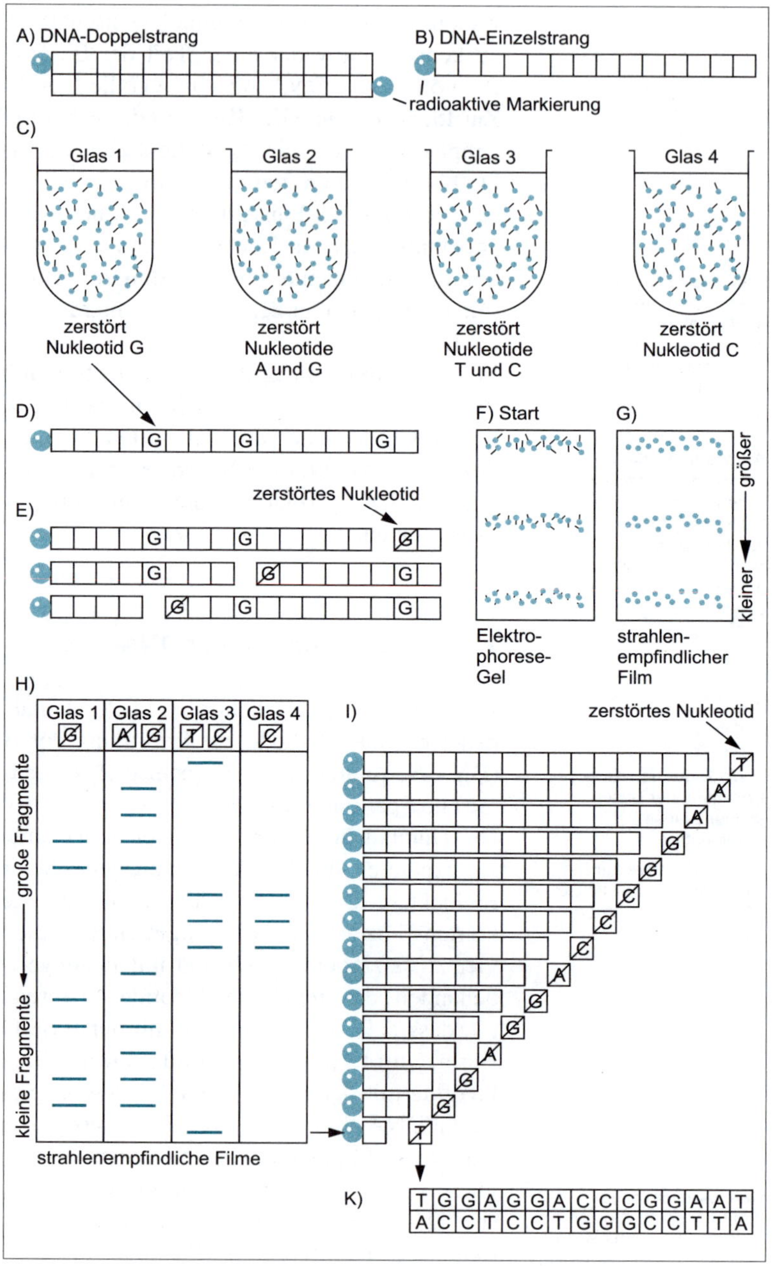

Abb. 107: DNA-Sequenzierung durch basenspezifische chemische Spaltung (nach GILBERT)

Legt man zuletzt die Filme aus allen vier Versuchsansätzen nebeneinander (H), so kann man durch Vergleich der geschwärzten Stellen die Nukleotidsequenz rekonstruieren (I und K).
Inzwischen wird zur DNA-Sequenzierung eine Vielzahl modernerer Verfahren angewendet, die es ermöglichen, auf den Einsatz gesundheitsschädlicher radioaktiver Reagenzien zu verzichten und mithilfe von Automaten auch größere Genome innerhalb kurzer Zeit zu sequenzieren.

1.5 Polymerasekettenreaktion (PCR)

PCR: engl. *polymerase chain reaction*

Eine der grundlegendsten und wichtigsten Methoden der modernen Molekulargenetik ist die **Polymerasekettenreaktion (PCR)**. Mit dieser Technik ist es ohne aufwendige Klonierung möglich, von einem DNA-Molekül eine unbegrenzte Anzahl an Kopien herzustellen. Für weitere Untersuchungen ist es meist sehr wichtig, genügend DNA-Material zur Verfügung zu haben, beispielsweise um eine Sequenzierung vorzunehmen oder um Mutationen zu ermitteln.

Amplifikation: Vervielfältigung eines Gens oder einer DNA-Sequenz

Primer: Kurzes Oligonukleotid, das sich an ein einzelsträngiges DNA-Stück anlagert und als Start für einen Replikationsvorgang dient

Um einen bestimmten DNA-Abschnitt mittels PCR zu vermehren (zu **amplifizieren**), genügen bereits geringste Spuren, im Extremfall sogar nur ein einziges DNA-Molekül. Der Doppelstrang wird zunächst in zwei Einzelstränge aufgetrennt (denaturiert), die als Matrize zur Synthese neuer DNA dienen. Als Starter **(Primer)** werden künstlich hergestellte Oligonukleotide, das sind kurze Nukleotidsequenzen, an die Matrize angelagert, dann erfolgt die DNA-Synthese aus zugegebenen Nukleotidbausteinen. Der Vorgang wird durch das Enzym DNA-Polymerase katalysiert. Viele Vermehrungszyklen schließen sich an, wobei jeder Zyklus dem gleichen Ablaufschema folgt:

- Erhitzen zur Denaturierung der DNA-Doppelstränge
- Abkühlen und Hybridisierung mit den Primer-Oligonukleotiden
- Inkubation mit DNA-Polymerase und einer ausreichenden Menge der vier unterschiedlichen Nukleotid-Triphosphate

Inkubation: hier: Einwirken-Lassen

Bei jedem neuen Vermehrungsschritt, der mithilfe von Automaten durchgeführt wird, dient die inzwischen akkumulierte DNA als Vorlage, die Amplifikation verläuft somit exponentiell.

Irreversibel bedeutet, dass ein Vorgang nicht umkehrbar ist.

Normalerweise würde eine DNA-Polymerase durch Erhitzen irreversibel geschädigt. Um diesen Effekt zu vermeiden, verwendet man eine besonders hitzestabile Polymerase, die aus Bakterien isoliert wurde, die in heißen Quellen leben.

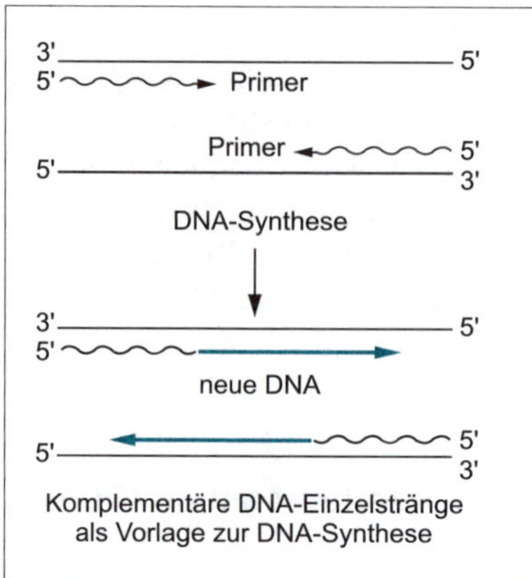

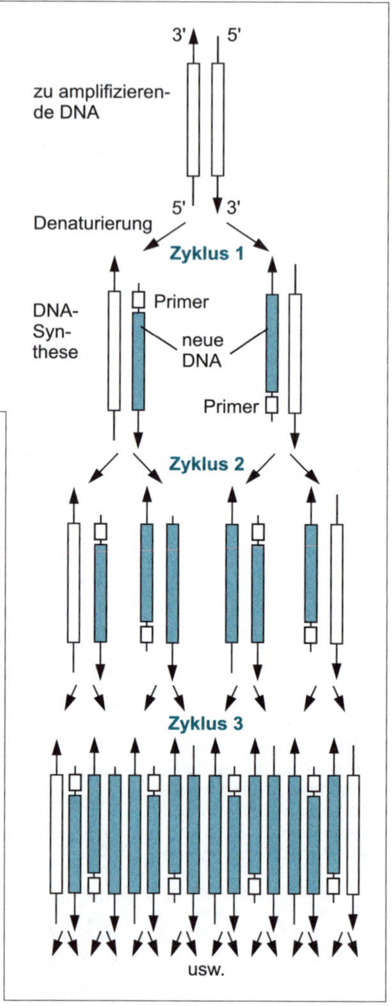

Abb. 108: Prinzip der Polymerase-Kettenreaktion (PCR)

Die PCR-Methode gehört heute zu den wichtigsten Methoden der Molekularbiologie. Sie dient als Grundlage für viele Anwendungen und Verfahren, z. B.:

- Nachweis eines Basenaustauschs, z. B. bei Sichelzellanämie;
- Nachweis einer Deletion, z. B. bei Zystischer Fibrose;
- Nachweis von Virusinfektionen, z. B. von HI-Viren;
- Untersuchung bei Krebserkrankungen, um Veränderungen in den Regulationsgenen für Zellwachstum und -vermehrung ausfindig zu machen;
- Charakterisierung der Gene für Gewebeverträglichkeit bei Organtransplantationen;
- Nachweis von Genen in Gewebeproben für die Gerichtsmedizin (genetischer Fingerabdruck, siehe S. 141);
- Vergleich von DNA-Sequenzen verschiedener Organismen, um deren Verwandtschaftsgrad zu untersuchen.

1.6 Genetischer Fingerabdruck und DNA-Analyse

Seit der Einrichtung einer DNA-Analysedatei beim Bundeskriminalamt im Jahr 1998 besteht mit der DNA-Analyse ein wichtiges Hilfsmittel zur Überführung von Straftätern. Die Methode des „genetischen Fingerabdruckes" beruht darauf, dass bestimmte DNA-Sequenzen eines jeden Menschen von so hoher Spezifität sind, dass – außer bei eineiigen Zwillingen – eine Übereinstimmung mit anderen Personen mit extrem hoher Wahrscheinlichkeit ausgeschlossen werden kann.
Von den 3,2 Milliarden DNA-Basenpaaren eines Menschen tragen nur drei Prozent Information (codierende Abschnitte). Beim genetischen Fingerabdruck werden die restlichen 97 Prozent, die Regionen ohne Information untersucht. Dort findet man repetitive Abschnitte, die aus vielfachen Wiederholungen ein- und derselben Basensequenz bestehen. Je nach Länge einer solchen Sequenz unterscheidet man u. a.:

- **VNTR**-Regionen mit zehn bis 150 Basenpaaren pro Einheit
- **STR**-Regionen mit maximal sieben Basenpaaren pro Einheit

VNTR: engl. ***v**ariable **n**umber of **t**andem **r**epeats* (unterschiedliche Anzahl aufeinanderfolgender Wiederholungen)

STR: engl. ***s**hort **t**andem **r**epeats* (kurze aufeinanderfolgende Wiederholungen)

Diese Wiederholungssequenzen unterscheiden sich von Mensch zu Mensch in hohem Maße in der Anzahl ihrer Wiederholungen und sind somit zur Identifizierung von Personen geeignet.

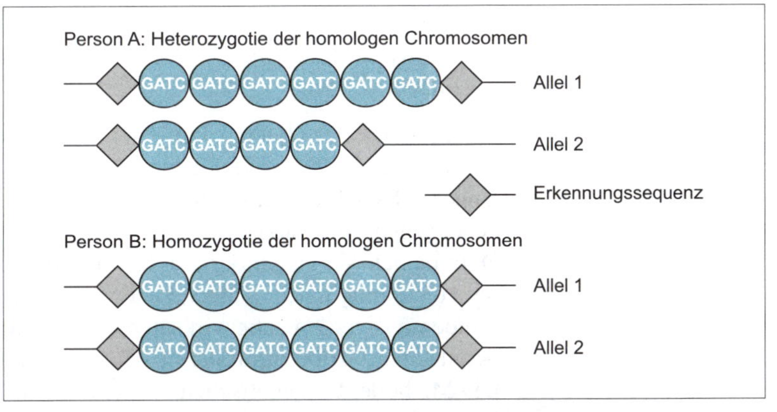

Abb. 109: Die Wiederholungssequenzen von zwei verschiedenen Personen A und B sind verschieden lang. Jedes Allel ist vereinfacht als Einzelstrang dargestellt.

Bei einem Vergleich verschiedener Personen stützt man sich auf bis zu acht Sequenzbereiche (Loci), um den Zufall von Übereinstimmungen möglichst klein zu halten. Werden acht Loci herangezogen, beträgt die Wahrscheinlichkeit, dass bei nichtverwandten Personen dasselbe Muster vorliegt, bei $4 \cdot 10^{-11}$.
Die Wiederholungssequenzen werden von bestimmten Basenfolgen flankiert, die als Erkennungsregion für Restriktionsenzyme dienen.

RFLP: **R**estriktions-**F**rag-ment-**L**ängen-**P**olymorphis-mus

Die **Gelelektrophorese** ist ein Verfahren zur Trennung von Stoffgemischen. Dabei wird das Gemisch auf ein Gel aufgetragen und in ein Gleichspannungsfeld gebracht. Die Trennung erfolgt dann aufgrund der unterschiedlichen Wandergeschwindigkeit der verschiedenen Substanzen im elektrischen Feld.

Autoradiografie
→ siehe S. 137

Mit deren Hilfe können beispielsweise VNTRs herausgeschnitten und anschließend analysiert werden. Dieselben Stellen bieten aber auch Anlagerungspunkte für Primer zur Durchführung einer PCR.

- Die **RFLP**-Methode: Für dieses Verfahren wird reichlich Material benötigt (mindestens 50 000 Zellkerne). Die Wiederholungssequenzen (z. B. VNTRs) werden mithilfe von Restriktionsenzymen an den Erkennungssequenzen aus der DNA geschnitten. Das Ergebnis sind verschieden lange DNA-Fragmente. Um sie der Größe nach zu sortieren und sichtbar zu machen, bedient man sich der **Gelelektrophorese**. Dazu wird das DNA-Gemisch auf ein Gel aufgetragen und in ein Gleichspannungsfeld gebracht. Die negativ geladene DNA durchwandert das Gel in Richtung der Anode. Kürzere Fragmente durchlaufen das Gel dabei schneller als längere. Anschließend werden die Abschnitte (Banden) beispielsweise durch Autoradiografie sichtbar gemacht.
- Die **PCR**-Methode: Für dieses Verfahren genügt eine sehr geringe Menge an DNA (bereits wenige Zellkerne) aus. Es werden zwei Primer eingesetzt, die an die Erkennungssequenzen zu Beginn und am Ende einer Wiederholungssequenz (z. B. eines VNTRs) binden und deren Vervielfältigung einleiten. Nach dem Vorgang liegen die vervielfachten Wiederholungssequenzen vor, die wiederum mittels Gelelektrophorese der Länge nach sortiert und anschließend beispielsweise durch im UV-Licht fluoreszierende Farbstoffe sichtbar gemacht werden.

Als Ergebnis der Untersuchung liegt in beiden Fällen eine Folie oder ein digitales Bild der Gelelektrophorese vor, das die unterschiedlich langen DNA-Fragmente als charakteristisches Bandenmuster – den genetischen Fingerabdruck – zeigt.

Durch einen Vergleich der am Tatort gefundenen Proben mit der Probe eines möglichen Täters ergibt sich bei Übereinstimmung des Bandenmusters ein sehr wirksames Indiz, mit dem bis zum Jahr 2009 bereits über 80 000 Straftäter überführt werden konnten.

Die Methode des genetischen Fingerabdrucks eignet sich auch für den Vaterschafts- und Verwandtennachweis, für die Beantwortung anthropologischer Fragestellungen, Fragen der Pflanzen- und Tierzucht (Abstammung oder Herkunft) und für verschiedene andere Fragestellungen, die sich mit der Herkunft oder Zuordnung von genetischem Material beschäftigen.

1.7 Totalsynthese und Expression eines Gens

Genexpression: Umsetzung der genetischen Information zur Herstellung eines Zellbestandteils
→ siehe Proteinbiosynthese S. 41 ff.

Somatostatin: Hormon aus dem Hypophysenvorderlappen, Gegenspieler zum Wachstumshormon Somatotropin. In der Medizin hat es eine gewisse therapeutische Bedeutung, z. B. bei der Behandlung von Riesenwuchs, bei Insulinfehlern oder bei bestimmten Magen-Darm-Blutungen.

Das erste menschliche Protein, das mit den Methoden der Gentechnik hergestellt werden konnte, war **Somatostatin**. Nachdem die Aminosäuresequenz des Somatostatins (14 Aminosäuren) ermittelt worden war, konnte man anhand des genetischen Codes eine entsprechende Basensequenz entwerfen. Man setzte aus einzelnen Nukleotiden eine DNA zusammen, die nach einer „Sollbruchstelle" mit der Aminosäure Methionin (= Start) an das Gen für β-Galactosidase im Lac-Operon von *E. coli* angehängt wurde (Abb. 110). Zu Beginn befand sich eine Basensequenz, die durch die Restriktions-Endonuklease EcoRI erkannt und gespalten wird, danach folgte als Starter die Sequenz für Methionin, dann das Somatostatin-Gen und am Ende zwei Stopp-Codons sowie eine Basensequenz für die Restriktions-Endonuklease BamH1. *E. coli* produzierte nun bei der Proteinbiosynthese ein gemeinsames Translationsprodukt, das β-Galactosidase-Somatostatin. Durch anschließende Spaltung mit Bromcyan wurde das Hormon von der β-Galactosidase abgetrennt, gereinigt und isoliert.

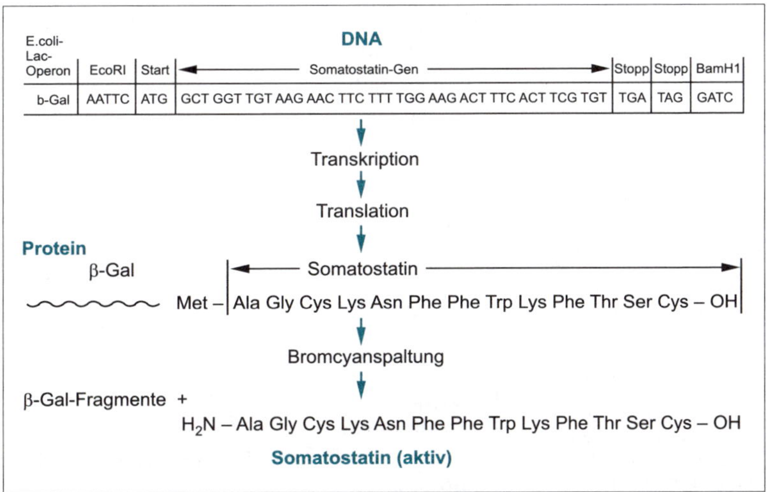

Abb. 110: Totalsynthese und Expression des Gens für Somatostatin in *E. coli*

In den Folgejahren hat man eine noch einfachere Methode zur Somatostatin-Produktion gefunden, bei der das Gen für Somatostatin nicht an das β-Galactosidase-Gen angehängt wird, sondern an ein Gen für ein Enzym, das die Zelle ohnehin verlässt, z. B. die β-Lactamase. Auf diese Weise wird mit dem Enzym auch das Somatostatin aus den Bakterien ausgeschleust. Man kann eine Bakterienkultur dann ständig „melken", ohne die Bakterien abtöten zu müssen.

cDNA (engl. *complementary* DNA): komplementäre DNA, die mithilfe des Enzyms Reverse Transkriptase aus einer RNA-„Vorlage“ hergestellt wird

Chromatografie → siehe S. 9

1.8 Synthese von cDNA (complementary DNA)

Bei verschiedenen molekularbiologischen Experimenten, z. B. für die Untersuchung der Genexpression oder zum Nachweis bestimmter Erreger im Blut, kommt eine sogenannte cDNA zur Anwendung.
Die Herstellung von cDNA geht von einer mRNA aus, die zunächst isoliert werden muss. Da die mRNAs im Gegensatz zu anderen RNA-Typen an einem Ende eine Poly-A-Sequenz tragen, lassen sie sich an diesem Ende mittels Chromatografie aus einem RNA-Gemisch „herausfischen“. Nach der Extraktion kann die Synthese der cDNA erfolgen, indem der Vorgang der Transkription umgekehrt wird: Diese Aufgabe übernimmt das Enzym **Reverse Transkriptase**. Die Reverse Transkriptase benötigt für den Start der Synthese einen Primer, meist ein poly-T-Nukleotid (TTTT), das an das komplementäre AAAA-Ende der mRNA bindet. Damit beginnt die Synthese einer cDNA, die vorerst noch mit dem mRNA-Strang hybridisiert ist. Um diese Bindung aufzuheben, wird das **Enzym RNase H** eingesetzt, das den Abbau der mRNA katalysiert. Der freigewordene cDNA-Einzelstrang wird anschließend mithilfe des Enzyms DNA-Polymerase zum Doppelstrang vervollständigt und die überstehende Schlaufe mithilfe der Endonuklease S1 abgetrennt. Eine auf diese Weise hergestellte cDNA enthält keine Introns, da es sich bei der Matrize um eine bereits prozessierte RNA handelt (siehe S. 50 f.).
Anwendung findet die Synthese von cDNA z. B. bei der gentechnischen Herstellung von **Interferon**. Der cDNA-Doppelstrang für Interferon wird unter Verwendung von Restriktionsenzymen in ein Plasmid integriert und in ein *E.-coli*-Bakterium eingeschleust. So wachsen Bakterienklone heran, die das gewünschte Interferon produzieren können.

Interferon: Interferone sind Proteine, die im menschlichen Körper verschiedene Vorgänge auslösen, z. B. werden Zellen dadurch praktisch gegen alle Viren unempfindlich. Interferone finden in der Medizin zur Behandlung verschiedener Erkrankungen Anwendung, z. B. bei Hepatitis B und C, bei bestimmten Krebsformen, wie dem Kaposi-Sarkom, bei AIDS, bei anderen Virusinfekten und bei Multipler Sklerose.

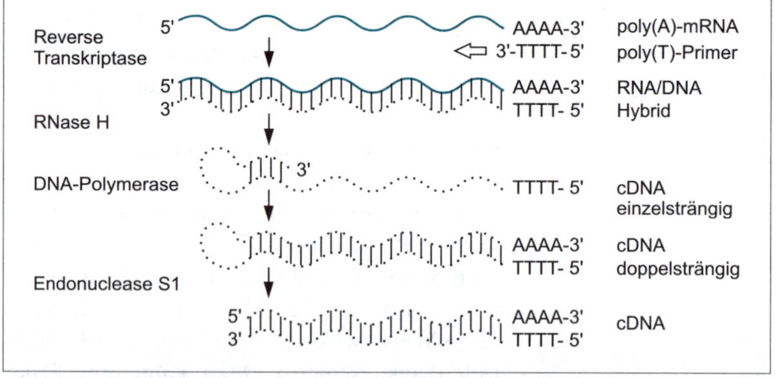

Abb. 111: Synthese von cDNA mithilfe des Enzyms Reverse Transkriptase

2 Wie Tiere und Pflanzen gentechnisch verändert werden

2.1 Klonen von Säugetieren

Bei der Züchtung von Nutztieren ist es von Bedeutung, die gewünschten Eigenschaften der Zuchttiere zu erhalten und keine Rückschläge, die bei natürlicher Fortpflanzung regelmäßig vorkommen, hinnehmen zu müssen. Klone sind dabei hilfreich:

- Eine Möglichkeit des Klonens ist die **eineiige Mehrlingsbildung**. Man züchtet eine **Zygote** in Nährlösung und teilt frühe Furchungsstadien der Embryonalentwicklung in Einzelzellen auf, von denen sich dann jede einzelne in einer Wirtsmutter zu einem Individuum entwickeln kann – prinzipiell wie bei der natürlichen Entstehung von Mehrlingen. Damit ist das erklärte Ziel der Tierzucht aber nur bedingt erreicht, da Mehrlinge aus den Meiosevorgängen der Eltern hervorgehen und somit eine unvorhersehbare Mischung der elterlichen Anlagen enthalten.
- Klone hingegen, die aus **Körperzellen** hervorgegangen sind, gleichen einander und ihrem Kernspender genetisch vollständig.

Schaf Dolly → siehe S. 64 f.

2.2 Entwicklung transgener Nutzpflanzen

Zellfusion

Protoplast: Pflanzliche Zelle, deren Zellwand entfernt wurde

Über die Artgrenzen hinweg ist eine Herstellung von neuen Pflanzensorten durch Fusion von Protoplasten möglich. Eine Kreuzung aus **Tomate und Kartoffel** wurde z. B. folgendermaßen geschaffen:

- Enzymatische Verdauung der Zellwände von Zellen der Kartoffel und der Tomaten, sodass nur die Protoplasten, zarte Zellhüllen (die Zellmembran) mit dem Protoplasma, übrig bleiben.
- Verschmelzung der beiden Protoplasten (durch elektrischen Impuls).
- Auslesen der Hybridzellen.
- Kultur auf Nährböden zu kleinen Pflänzchen und Weiterkultur in der Erde.

Das Kreuzungsprodukt – die „Tomoffel“ – ist eher von theoretischem als von wirtschaftlichem Interesse, da die Früchte der ursprünglichen Pflanzen größer sind und besser schmecken.

Ti-Plasmid ist die Abkürzung für tumorinduzierendes Plasmid.

Kallus ist das Gewebe, das bei Pflanzen an den Wundrändern entsteht.

Gentransfer bei Pflanzen

Beim pflanzlichen Gentransfer dient das Bodenbakterium *Agrobacterium tumefaciens* als „Transportmittel" für Gene. Diese Bakterienart kann einen Tumor hervorrufen, wenn sie in verletztes Gewebe von zweikeimblättrigen Pflanzen eindringt. Für die Tumorinduktion besitzen die Bakterien ein Plasmid, das aufgrund dieser Fähigkeit Ti-Plasmid heißt. Dieses Ti-Plasmid kann als Vektor für bestimmte Gene, die z. B. Insekten-Resistenz vermitteln, dienen. Wenn ein solches aus dem Bakterium *Bacillus thuringiensis* stammendes Toxin-Gen in eine Pflanze eingebracht werden soll, verfährt man folgendermaßen (siehe auch Abb. 112):

- Identifizierung des Gens mithilfe der Genomanalyse,
- Einbau des Gens in das Ti-Plasmid und
- Klonierung der Plasmid-DNA in *E. coli,*
- Übertragung des Gens von *E. coli* in *Agrobacterium tumefaciens,*
- Zusammenführen der Agrobakterien mit Blattstücken oder Protoplasten der Empfängerpflanze,
- Selektion und Anzüchten der Protoplasten mit gelungenem Gentransfer auf Nährböden zu einer Kalluskultur (Zellhäufchen),
- Anzucht der Pflanzen in Erde.

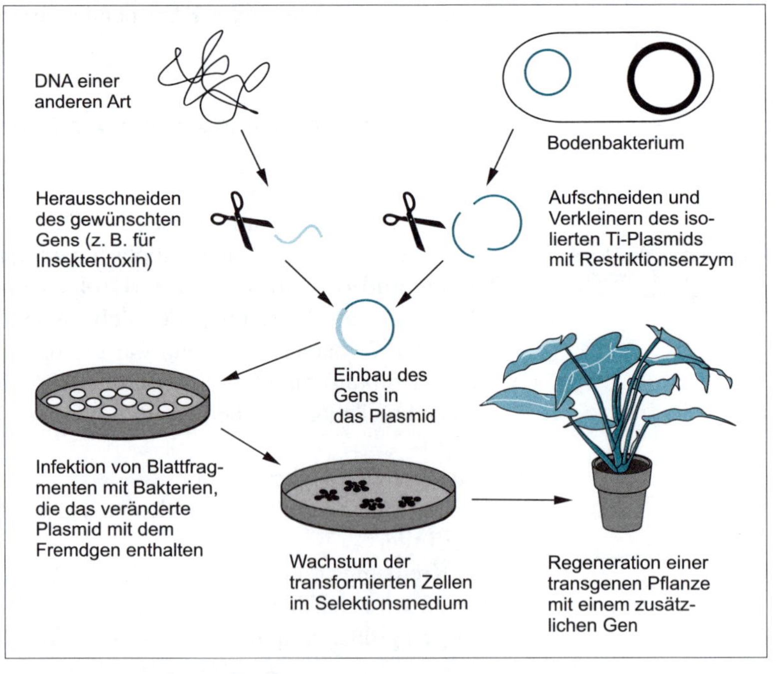

Abb. 112: Gentransfer bei Pflanzen

2.3 Transgene Tiere

Ein **transgener Organismus** ist ein Tier oder eine Pflanze mit einem durch Einschleusen neuer DNA verändertem Erbgut. Die Veränderung betrifft alle Körperzellen, sodass auch die Nachkommen die neue genetische Information erhalten.

Zur Untersuchung grundlegender Fragen der Genregulation und -expression werden in den Genlabors transgene Tiere erzeugt und verwendet. Das bekannteste Beispiel dafür sind **transgene Mäuse**. Ein zuvor kloniertes Gen, z. B. das Gen für das Wachstumshormon Somatotropin, wird dazu in den Kern einer befruchteten Eizelle injiziert. Das fremde Gen wird in die Maus-DNA eingebaut und zwar so früh in der Entwicklung der Zygote, dass alle Zellen, die aus dieser Zygote hervorgehen, das neue Gen tragen. Die Zygote wird zur Austragung in den Uterus einer Ammenmaus überführt. Die Mäuse, die aus diesem Experiment hervorgehen, sind durch die Expression des integrierten Wachstumshormons erheblich größer als Vergleichstiere. Mit einer entsprechenden Methode wurde das menschliche Wachstumshormon in Schweine übertragen, die daraufhin zwar sehr stark an Gewicht zunahmen, aber auch an Entzündungen der Beingelenke litten und sich wegen ihres Übergewichts nicht mehr auf den Beinen halten konnten.

Es ist allzu begreiflich, dass das „Erschaffen" transgener Tiere in der Öffentlichkeit auf starke **Kritik** stößt. Es gilt jedoch zu berücksichtigen, dass Experimente dieser Art für die Grundlagenforschung in der Medizin und Molekularbiologie unverzichtbar sind. Beispielsweise konnten mithilfe transgener Mäuse in der **Krebsforschung** wichtige Erkenntnisse über die Regulation und Expression von Genen gewonnen werden. So war es möglich, Mäuse zu erzeugen, bei denen das für die Insulinproduktion zuständige Gen mit einem krebserzeugenden Gen (aus dem SV40 Virus) verbunden werden konnte. Obwohl das kombinierte Insulin-Tumor-Gen nach dieser Manipulation in **allen** Zellen des Körpers zu finden war, konnte es seine krebserzeugende Wirkung nur in den insulinproduzierenden Zellen der Bauchspeicheldrüse entfalten. Nur dort entstanden Tumoren, woraus man schließen konnte, dass die speziellen Regulationssequenzen des Insulin-Gens dafür sorgen, dass das nachgeschaltete Tumor-Gen nur in Zellen eines bestimmten Typs exprimiert wird. Aus solchen Arbeiten ergeben sich bedeutsame und vielseitig anwendbare Modellsysteme für die Untersuchung der Krebsentstehung und für die Entwicklung einer zielgerichteten Therapie.

3 Anwendung der Gentechnik für den Menschen

3.1 Diagnose von defekten Genen

Beispiel Chorea Huntington

Das Leiden bei Chorea Huntington ist tragisch, weil die Betroffenen bis zu 50 Jahre lang völlig gesund sind, einen Beruf ausüben und häufig auch schon Kinder haben, bevor das Erbleiden plötzlich ausbricht. Dann kommt es zu einem schnell fortschreitenden Abbau der motorischen und emotionalen Fähigkeiten. Unkoordinierte und unkontrollierbare Bewegungen sind die Folge, die Sprache wird unverständlich.

Ursache für die Erkrankung ist eine Mutation auf dem kurzen Arm des Chromosoms Nr. 4, bei der die Basensequenz CAG vervielfacht ist **(Genamplifikation)**. Das Huntingtin-Gen, das von der Mutation betroffen ist, enthält im Normalfall eine 6- bis 35-mal wiederholte Sequenz des CAG-Tripletts. Eine mehr als 36-fache Wiederholung dieses Tripletts, das die Aminosäure Glutamin codiert, führt dazu, dass sich die mutierten Huntingtin-Moleküle aufgrund der überlangen Glutamin-Kette zu unlöslichen Aggregaten zusammenlagern und auf diese Weise die Funktion von Nervenzellen stören.

Genamplifikation → siehe S. 139

Zum Nachweis der erhöhten Anzahl von CAG-Tripletts im Huntingtin-Gen wird ein genetischer Fingerabdruck angefertigt. Auf diese Weise kann die Diagnose bei (noch) gesunden Personen gestellt werden, längst vor einem möglichen Ausbruch der Krankheit.

Genetischer Fingerabdruck → siehe S. 141

Weitere Beispiele

Mithilfe molekularbiologischer Analysen lassen sich heute einige hundert Erbkrankheiten erkennen. Beispielsweise ist es möglich, mithilfe einer Gensonde bei Kindern, in deren Familie das **Retinoblastom** – ein seltener Augentumor – vorkommt, nach Mutationen in dem entsprechenden Gen auf dem Chromosom Nr. 13 zu suchen. Hat man eine solche Mutation nachgewiesen, kann man die Augen des Kindes regelmäßig untersuchen und einen sich entwickelnden Tumor rasch entfernen, bevor das Augenlicht verloren geht.

→ siehe Sequenzanalyse der DNA S. 137 ff.

Ähnlich verfährt man, wenn eine Veranlagung für eine seltene Form von Darmkrebs *(adenomatöse Polyposis coli)* und für eine Form des erblichen Schilddrüsenkrebses diagnostiziert wurde. In diesen beiden Fällen wird das gefährdete Organ, der Dickdarm oder die Schilddrüse, in der Regel nach der Pubertät durch Operation entfernt, um den andernfalls nahezu sicheren Ausbruch des Krebsleidens zu verhindern.

Verfahren mit radioaktiv markierten **Sonden** → siehe S. 135 ff.

Falls in einem Gen nur ein einziges Basenpaar mutiert ist (Punktmutation), dann kann man den Fehler dadurch erkennen, dass man radioaktiv markierte Oligonukleotide als Sonden einsetzt, um die betreffende normale bzw. mutierte Basensequenz zu identifizieren.

3.2 Das Humangenomprojekt

Unter dem Begriff *„Human Genome Project"* wurde im Lauf von 13 Jahren (1990 bis 2003) ein weltweites Forschungsprojekt zur Entschlüsselung des menschlichen Erbguts durchgeführt. Die internationale Koordination übernahm dabei die *Human Genome Organisation* (HUGO), um für den Austausch aller wissenschaftlichen Erkenntnisse innerhalb der beteiligten Forschergruppen sowie für eine umfassende Diskussion der mit der Genomforschung verbundenen ethischen, rechtlichen und sozialen Fragen zu sorgen.
Zwei Jahre früher als geplant wurde im März 2003 das Humangenomprojekt abgeschlossen. Das gesamte menschliche Genom mit 3,2 Milliarden Buchstaben war erfolgreich entziffert. 99 % der genetische Information tragenden Bereiche des menschlichen Erbgutes sind mit einer Genauigkeit von 99,99 % (max. 1 Fehler in 10 000 Buchstaben) entschlüsselt. Das verbleibende Prozent, ca. 400 kleinere, genau definierte Lücken, sind Bereiche, die mit heutigen Technologien nicht zugänglich sind und erst in der Zukunft aufgelöst werden können.
An der Sequenzanalyse waren 20 Forschungsinstitute aus den Ländern USA, Großbritannien, Japan, Frankreich, Deutschland und China beteiligt. Mit großem Koordinierungsaufwand wurde sichergestellt, dass keine Region des Genoms übersehen und mögliche Doppelarbeit minimiert wird. Etwa 1 000 Wissenschaftler arbeiteten weltweit an dem Projekt. Deutschland beteiligte sich mit drei Sequenzierzentren (Jena, Berlin, Braunschweig), die zur Sequenzierung der Chromosomen 2, 3, 7, 8, 9, 17, 21 sowie X beigetragen haben. Der größte deutsche Erfolg war die frühe vollständige Entzifferung des Chromosoms 21.
Alle Ergebnisse und Daten des *Human Genome Projects* sind frei zugänglich. Unter www.ensembl.org lassen sich Sequenzen des menschlichen Genoms und andere verfügbare Informationen abrufen.
Ziel der Erforschung des Humangenoms bleibt vor allem das Verstehen gesellschaftlich relevanter Krankheiten wie Krebs oder Diabetes. Mithilfe der Genomforschung werden in Zukunft neue Therapien und Medikamente möglich sein. Nicht zuletzt auf Basis der Arbeitsversion des menschlichen Genoms konnten bis zum Jahr 2012 über 1 500 menschliche krankheitsbedingende Gene identifiziert werden.

3.3 Probleme der Gendiagnostik

Am Beispiel von Chorea Huntington wird die Problematik der modernen Gendiagnose deutlich. Einerseits kann das Vorhandensein des Gens bei noch nicht Erkrankten nachgewiesen werden, andererseits lässt sich die Krankheit noch nicht behandeln oder heilen. Im Prinzip müssen in einer Familie mit Chorea Huntington alle Verwandten des Erkrankten mit einem Ausbruch der Krankheit rechnen. Manche Personen aus solchen Familien wollen vielleicht wissen, ob sie tatsächlich Träger des mutierten Huntingtin-Gens sind. Durch die Diagnose könnten sie sich von der zermürbenden Ungewissheit befreien und im gegebenen Fall die verbleibenden Lebensjahre in Gesundheit ganz bewusst erleben oder lieber auf Nachwuchs verzichten. Viele Mitglieder solcher Familien bevorzugen es aber, über ihren Genbestand im Unklaren zu bleiben, da sie mit der Gewissheit eines Krankheitsausbruchs großen psychischen Belastungen entgegensehen.

Die ständig wachsende Zahl von Gentests birgt neben den Chancen einer Früherkennung und frühzeitigen Therapie auch weitere Gefahren. Es wäre z. B. denkbar, dass Arbeitgeber oder Versicherungen vor dem Abschluss von Arbeitsverträgen bzw. Lebens- oder Krankenversicherungen einen Gentest verlangen und die Bewerber wegen „guter“ oder „schlechter“ Gene bevorzugen oder benachteiligen. Die Ergebnisse von Gentests können aber auch bei den Betroffenen selbst schwere seelische Konflikte auslösen. Nicht zuletzt besteht die Gefahr der allgemeinen Überbewertung von Erbanlagen, weil man die Rolle der Umwelt bei der Entfaltung von Merkmalen nicht ausreichend berücksichtigt. Um Menschen vor den möglichen nachteiligen Folgen der Genforschung zu bewahren, bemühen sich Wissenschaftler und Politiker, Richtlinien für den Umgang mit Genomdaten des Menschen zu erarbeiten. Im Mittelpunkt all dieser Überlegungen steht die Unverletzlichkeit der Menschenwürde. Das Recht auf Wissen wie das Recht auf Nicht-Wissen müssen dafür gleichermaßen berücksichtigt werden.

Einfluss der Umwelt auf die Merkmalsausbildung
→ siehe dazu S. 113 f.

3.4 Heilen mit Genen

Somatisch: gr. *soma* Körper

Die Gendiagnose sowie die vielfältigen Möglichkeiten der gentechnischen Methoden lassen den Wunsch aufkommen, Erbkrankheiten beim Menschen durch eine Verpflanzung von Genen zu therapieren.

- Die Möglichkeit, bereits an einer menschlichen Zygote genetische Veränderungen vorzunehmen **(Keimbahntherapie)** ist aus naheliegenden ethischen Gründen durch das Embryonenschutzgesetz verboten.
- Wenn an einzelnen Körperzellen genetisch Erkrankter eine Veränderung vorgenommen werden soll, spricht man von **somatischer Gentherapie**. Ziel ist es, das nicht mutierte Gen mithilfe von Vektoren (meist Viren) einzuschleusen, damit der Körper das fehlende Produkt selbst herstellen kann.

Erste Gentherapie 1990

Im Jahr 1990 wurde von amerikanischen Ärzten die erste erfolgreiche Gentherapie durchgeführt. Bei der Patientin handelte sich um ein vierjähriges Mädchen, das an einer sehr seltenen **angeborenen Immunschwäche** litt. In den Lymphozyten solcher Patienten fehlt ein Enzym, wodurch die Immunantwort der Lymphozyten gestört ist. Bereits harmlose Infektionen führen daher zum Tod.

Bei der Behandlung ging man nach dem folgenden Prinzip vor:

- Entnahme von Lymphozyten aus dem Knochenmark der Patientin
- Übertragung des fehlenden Gens auf die Lymphozyten mithilfe eines Retrovirus
- Rückinfusion der veränderten Lymphozyten in den Körper des Mädchens

Das Ergebnis war ermutigend: das Mädchen war nach mehreren derartigen Behandlungen gegen Infekte gefeit. Die Behandlung muss allerdings ein- bis zweimal im Jahr wiederholt werden, da die Lebensdauer von Lymphozyten begrenzt ist.

Versuche einer Gentherapie bei Mukoviszidose

Mukoviszidose (zystische Fibrose) ist eine Erkrankung, bei der die Patienten an einer gefährlichen Verschleimung der Lunge leiden. Ursache dafür ist ein defektes Protein in den Schleimhautzellen der Lunge. Ein erster Versuch der Gentherapie bestand darin, das intakte Gen in kleinen fettumhüllten Bläschen, sogenannten Liposomen, als Aerosol-Spray über die Luftwege zu verabreichen. Die Versuche erwiesen sich jedoch als Fehlschlag. Anstelle der Gentherapie mit DNA wird inzwischen an einer sogenannten Transkript-Therapie mit RNA gearbeitet. Die Idee ist, anstelle der DNA deren Transkript in Form der mRNA für das intakte Protein in spezielle Mikrokügelchen zu verpacken und dann in die defekten Atemwegszellen einzuschleusen. Das hat den Vorteil, dass die mRNA nicht erst in den Zellkern gelangen muss, um als Vorlage für das Protein zu dienen. Erste Versuche verliefen erfolgversprechend.

Gentherapie bei Hypercholesterinämie

Die familiäre **Hypercholesterinämie** wird autosomal-dominant vererbt. Patienten mit dieser Krankheit leiden unter einem besonders hohen Cholesterinspiegel im Blut, der bereits in jungen Jahren zu Arterienverengung und Herzinfarkt führt. Zu diesem hohen Gehalt an Cholesterin kommt es, weil die LDL-Rezeptoren, die Andockstellen für Fettmoleküle, in den Leberzellen fehlen. Sie vermitteln den Übertritt der Fettmoleküle vom Blut in die Leber.

LDL: engl. *low density lipoprotein;* Lipoproteine mit einer niedrigen Dichte

Eine Gentherapie dieser Erkrankung beruht auf der folgenden Methode (Abb. 113):

Zunächst wird der Leber des Patienten ein Stück entnommen, was wegen der hohen Regenerationsfähigkeit dieses Organs unbedenklich ist. Das Gewebe wird mithilfe von Enzymen in einzelne Zellen (Hepatozyten) zerlegt und mit einem Retrovirus zusammengeführt, in den das Gen für den LDL-Rezeptor integriert wurde. Anschließend werden die Hepatozyten, die das Gen aufgenommen haben, selektiert, vermehrt und über die Pfortader in die Leber gespült. Tatsächlich verbessern sich nach dieser Behandlung die Blutfettwerte, ein durchschlagender Erfolg wurde aber bisher mit dieser Methode noch nicht erzielt.

Hepatozyten: ca. 20 bis 30 µm große Leberzellen (auch Leberepithelzellen genannt), die etwa 80 % des Lebervolumens ausmachen. In Leberzellen laufen wichtige Stoffwechselprozesse ab.

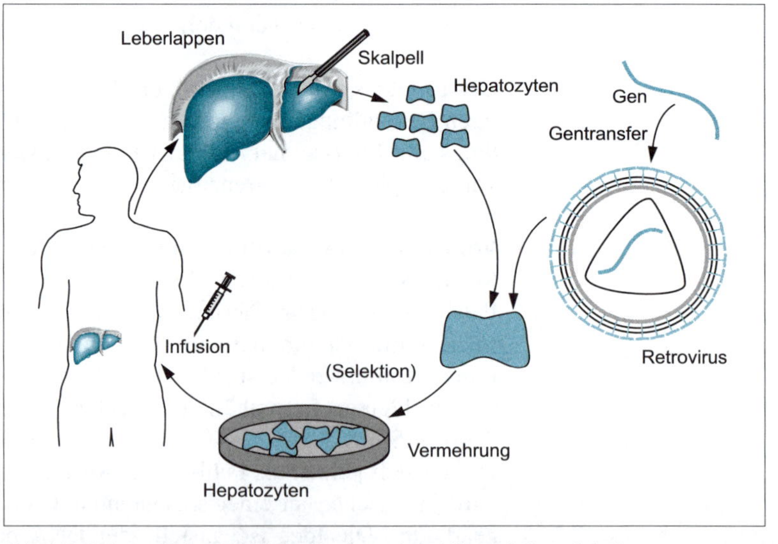

Abb. 113: Schematischer Ablauf der Gentherapie bei Hypercholesterinämie

Ausblick

Berücksichtigt man die Tatsache, dass bei den oben genannten Therapieversuchen nur Körperzellen von der Änderung betroffen sind, wird verständlich, dass die Aktivität der verpflanzten Gene nur eine begrenzte Zeit andauern kann. Die genaueren Zusammenhänge dieser limitierten Genexpression sind noch unbekannt. Die Verfahren zur Verpflanzung von Genen sind unverhältnismäßig teuer und aufwendig. Es wird noch jahrelange Entwicklungsarbeit zu leisten sein, bis die Gentherapie routinemäßig angewendet werden und bisherige Behandlungsformen ersetzen kann.

3.5 Krebs – noch viele offene Fragen

Während eine ungehemmte Zellteilung bei einem Einzeller vorteilhaft ist, muss dieser Vorgang bei einem Vielzeller begrenzt und genau reguliert werden. Hat ein Organ einen bestimmten Differenzierungsgrad und eine ausreichende Größe erreicht, treten Hemmsysteme in Kraft, die eine weitere Teilung einschränken. Falls diese Hemmsysteme jedoch gestört sind, kommt es zu einer unkontrollierten Vermehrung von Zellen, es bilden sich Tumoren. Solange sich ein Tumor gegenüber dem benachbarten Gewebe gut abgrenzen lässt, spricht man von gutartigen **(benignen)** Geschwülsten. Dringen die Tumorzellen jedoch auch ins benachbarte Gewebe ein oder geraten in die Blut- oder Lymphbahnen, kann dies zu Sekundärtumoren (Metastasen) führen. In diesem Fall liegt ein bösartiger **(maligner)** Tumor, ein Krebs, vor. Viele Details der Entstehung von Krebs sind noch ungeklärt, es spielen dabei Mutationen, genetische Dispositionen und Außeneinflüsse wie karzinogene Substanzen sowie ionisierende Strahlung eine Rolle.

Benigne: lat. *benignus* gütig, gutartig

Maligne: lat. *malignus* bösartig

Für einige Formen von Krebs ist eine Virusgenese nachgewiesen. Die wirksame Nukleinsäure des Rous-Sarkom-Virus ist eine einsträngige RNA, die u. a. die Information für das Enzym **Reverse Transkriptase** liefert. Wegen dieser Eigenschaft zählt man es zu den **Retroviren**. Die Hülle des Rous-Sarkoma-Virus besteht aus demselben Material wie die Plasmamembran seiner Wirtszellen. Beim Befall einer Zelle verschmilzt die Hüllsubstanz des Virus mit der Plasmamembran. In das Innere der Zelle gelangt nur noch die eigentliche Viruskapsel mit der RNA. Mithilfe des Enzyms Reverse Transkriptase wird die RNA in eine DNA umkopiert, die als Provirus in die Wirts-DNA aufgenommen wird. Anschließend kann die Produktion von Virus-RNA beginnen, die dann aus der Zelle ausgeschleust wird, indem sie sich mit Material der Plasmamembran umgibt, ohne diese ansonsten zu schädigen.

Genese: gr. *genesis* Entstehung

Rous-Sarkom-Virus: Virus, benannt nach dem Amerikaner **PEYTON ROUS**, der 1911 zeigen konnte, dass dieses Virus Zellen zu Krebszellen umwandeln kann

Ein **Sarkom** ist eine bösartige Geschwulst.

Retrovirus: Virus, ausgestattet mit RNA und Reverser Transkriptase

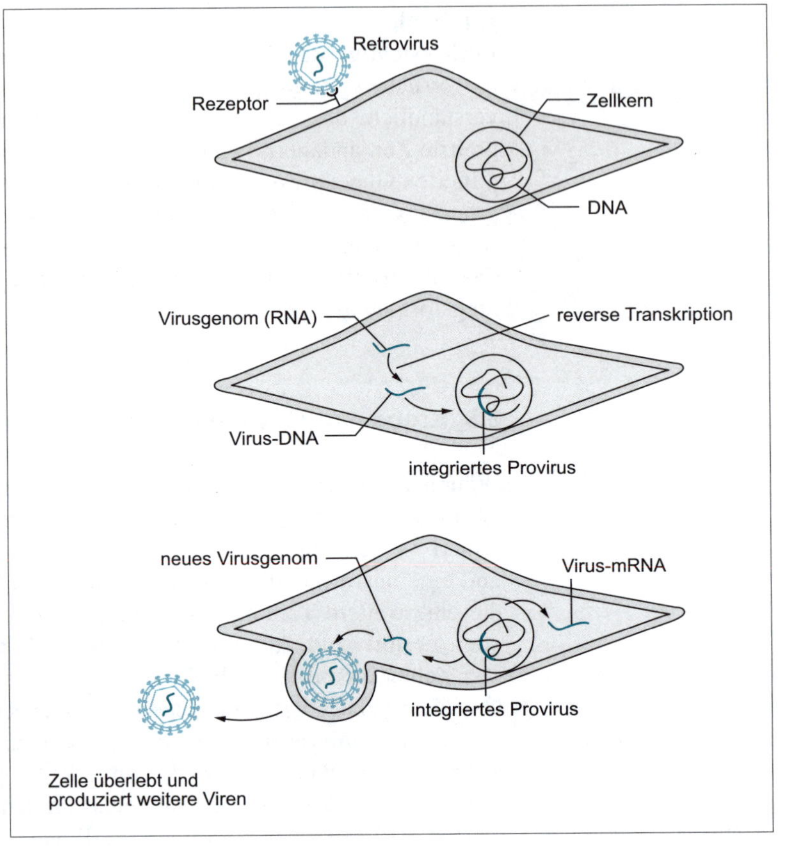

Abb. 114: Vermehrung von Retroviren

Die genaue Erforschung des Genoms solcher Viren hat ergeben, dass in deren RNA auch die Information für ungehemmtes Wachstum enthalten ist. Es handelt sich dabei um ein Gen, das einen Faktor codiert, der die Steuerung der Zellteilung beeinflusst und ungehemmte Teilung veranlasst. Solche Gene nennt man Krebsgene oder **Onkogene**. Die Virus-Onkogene sind der Grund dafür, dass manche Retroviren, wie z. B. das HI-Virus, Krebs auslösen können.

Onkogen: Gen mit Informationen für ungehemmte Zellteilung

Auch normale tierische und menschliche Zellen enthalten Onkogene, ohne dass sie deshalb schon als Krebszellen angesehen werden müssen. Für die Entstehung von Krebs aus solchen Zellen hat man ein Modell entwickelt: Die potenziellen Krebsgene liegen in den Zellen als **Protoonkogene** vor. Das sind Gene, die bei normaler Zellvermehrung eine Rolle spielen. Wenn im Bereich dieser Proto-Onkogene eine Mutation bzw. eine Aktivierung auftritt, kann die Regulation der Zell-

Protoonkogene sind die Vorläufer der aktiven Onkogene.

teilung außer Kontrolle geraten. Eine solche Entartung kann auf verschiedene Veränderungen der DNA oder den Einfluss eines Retrovirus zurückgehen:

- **Mutationen** im Protoonkogen durch Strahlen oder Chemikalien (z. B. Punktmutation durch Basenaustausch) können eine Funktionsänderung nach sich ziehen.
- Chromosomale **Translokationen**, bei denen die proteincodierende Region des Protoonkogens verlagert wird und nun neben den regulatorischen Regionen eines Immunglobulins liegt. Dadurch wird eine anormale Expression des Protoonkogens ausgelöst.
- **Genvervielfachung** (Genamplifikation) des Protoonkogens, wobei dieses entweder innerhalb desselben Chromosoms vielfach vorliegt oder als separates extrachromosomales Partikel. Eine verstärkte Expression des Protoonkogens ist die Folge.
- **Retroviren** aktivieren die Protoonkogene, indem sie diese in sich aufnehmen und in andere Zellen übertragen.

Viele Fragen der Krebsentstehung sind noch offen und sicherlich wird die weitere Erforschung der Onkogene in der Krebsforschung eine entscheidende Rolle spielen. Wenn einst klar sein wird, wie ein normales Gen verändert werden muss, um in den Krebszustand überzugehen, dann wird man auch ein präziseres Bild von der normalen Regulation der Zellteilung und -differenzierung gewinnen. Dies gibt Anlass zur Hoffnung, die Erkenntnisse eines Tages auch bei der Behandlung von Krebs einsetzen zu können.

Zusammenfassung

- **Genetische Manipulation** bedeutet den Ersatz von defekten Genen oder das Einsetzen von neuen Genen in das Genom einer Zelle oder eines Organismus. Werkzeuge für eine Genmanipulation sind **Restriktionsenzyme**, die DNA-Doppelmoleküle aufschneiden können, **Ligasen**, die in der Lage sind, aufgetrennte Bindungen in einer Nukleinsäure wieder zu schließen, und **Vektoren** („Transportfahrzeuge"), die bestimmte Gene in Wirtszellen übertragen.
- Zur Herstellung größerer Mengen eines bestimmten Gens bedient man sich der Methode des **Klonierens**. Ein DNA-Stück, das zu klonierende Gen, wird in ein anderes DNA-Molekül, das Vektor-Molekül, eingebaut. Es entsteht ein rekombiniertes DNA-Molekül, das in eine Wirtszelle eingeschleust wird. In der Wirtszelle veranlasst der Vektor die Vervielfältigung des rekombinierten DNA-Moleküls. Bei der Teilung der Wirtszelle werden schließlich beliebig viele identische Kopien des rekombinierten DNA-Moleküls erzeugt.
- Durch **Klonen** von Nutztieren erwartet man sich u. a. eine Ertragssteigerung. Bei Säugetieren erfolgt das Klonen durch Mehrlingsbildung aus frühen Furchungsstadien einer Zygote oder durch Überpflanzen von diploiden Zellkernen in kernlose Eizellen.
- Bei Pflanzen kommt man durch Zellfusion zu neuen Sorten. **Transgene Pflanzen** erhält man auch durch den Einbau von fremden Genen in den Genbestand einer Pflanze. Dabei dienen Bakterien als „Transportfahrzeug" für das fremde Gen.
- Mithilfe der **Gendiagnostik** lassen sich Anlagen für bestimmte Krankheiten im Genom einer Person nachweisen.
- Zur **Heilung von Erbkrankheiten** könnte man theoretisch bereits in die Keimbahnzellen eines Embryos Gene verpflanzen. Eine solche Keimbahntherapie ist jedoch aus ethischen Gründen durch das Embryonenschutzgesetz verboten. Stattdessen wird versucht, in einzelne Körperzellen Erbkranker (somatische Gentherapie) gesunde Erbanlagen einzuschleusen, damit der Körper das fehlende Produkt selbst herstellen kann.

Stichwortverzeichnis

Abbildungsnachweis

© Alexander Raths/Dreamstime.com: Kapitelbild 1
© Anna Illarionova/Dreamstime.com: Kapitelbild 6
Berg, P. und Singer, M.: Die Sprache der Gene. Spektrum Akademischer Verlag, Heidelberg 1993, S. 160: Abb. 44
eigene Darstellung nach: Brown, T. A.: Moderne Genetik – Eine Einführung. Spektrum Akademischer Verlag, Heidelberg 1993, S. 211: Abb. 51
© Dimarion/Shutterstock.com: Kapitelbild 3
© ermess/Shutterstock.com: Kapitelbild 2
Knippers, R.: Molekulare Genetik. Georg Thieme Verlag, Stuttgart 1994: Abb. 37
© 2014 Konradin Medien GmbH, www.wissen.de/medizin/chromosom: Abb. 84
Kornherr, P.: Kapitelbild 4, Abb. 18, 36, 38, 40, 56, 59, 65, 79, 80
© Nancy Bauer/Shutterstock: Umschlagsbild
Passarge, E.: Taschenatlas der Genetik. Georg Thieme Verlag, Stuttgart 1994: Abb. 58, 96 und 114
Piolinfax; http://commons.wikimedia.org/wiki/File:Mapa_gen%C3%A9tico_o_cariograma.jpeg; lizenziert unter der Creative Commons-Lizenz Attribution-Share Alike 3.0 Unported: Abb. 57
Radke/Otis Historical Archives of "National Museum of Health & Medicine" (OTIS Archive 1); www.commons.wikimedia.org/wiki/File:4379383574_81c4df117e_bDoigtSurnuméraire.jpg; lizenziert unter der Creative Commons-Lizenz Attribution-Share Alike 2.0 Unported: Kapitelbild 5
© Roslin Institute: Abb. 54
Steffen Dietzel; http://commons.wikimedia.org/wiki/File:HumanChromosomesChromomycinA3.jpg; lizenziert unter der Creative Commons-Lizenz Attribution-Share Alike 3.0 Unported: Abb. 57
eigene Darstellung nach Suzuki, D. und Griffiths, A.: An Introduction to Genetic Analysis. W.H.Freeman & Co Ltd, New York 1976: Abb. 67
Darstellung nach Wirth, J.: Abb. 17 und 101

Der Verlag hat sich bemüht, die Urheber der in diesem Werk abgedruckten Abbildungen ausfindig zu machen. Wo dies nicht gelungen ist, bitten wir diese sich gegebenenfalls an den Verlag zu wenden.

Liebe Kundin, lieber Kunde,

der STARK Verlag hat das Ziel, Sie effektiv beim Lernen zu unterstützen. In welchem Maße uns dies gelingt, wissen Sie am besten. Deshalb bitten wir Sie, uns Ihre Meinung zu den STARK-Produkten in dieser Umfrage mitzuteilen:

www.stark-verlag.de/feedback

Als Dankeschön verlosen wir einmal jährlich, zum 31. Juli, unter allen Teilnehmern ein aktuelles Samsung-Tablet. Für nähere Informationen und die Teilnahmebedingungen folgen Sie dem Internetlink.

Herzlichen Dank!

Haben Sie weitere Fragen an uns?
Sie erreichen uns telefonisch **0180 3 179000***
per E-Mail **info@stark-verlag.de**
oder im Internet unter **www.stark-verlag.de**

Lernen • Wissen • Zukunft
STARK

*9 Cent pro Min. aus dem deutschen Festnetz, Mobilfunk bis 42 Cent pro Min. Aus dem Mobilfunknetz wählen Sie die Festnetznummer: **08167 9573-0**

Erfolgreich durchs Abitur mit den STARK Reihen

Abiturprüfung

Anhand von Original-Aufgaben die Prüfungssituation trainieren. Schülergerechte Lösungen helfen bei der Leistungskontrolle.

Abitur-Training

Prüfungsrelevantes Wissen schülergerecht präsentiert. Übungsaufgaben mit Lösungen sichern den Lernerfolg.

Klausuren

Durch gezieltes Klausurentraining die Grundlagen schaffen für eine gute Abinote.

Kompakt-Wissen

Kompakte Darstellung des prüfungsrelevanten Wissens zum schnellen Nachschlagen und Wiederholen.

Interpretationen

Perfekte Hilfe beim Verständnis literarischer Werke.

Und vieles mehr auf www.stark-verlag.de

Abi in der Tasche – und dann?

In den **STARK** Ratgebern findest du alle Informationen für einen erfolgreichen Start in die berufliche Zukunft.

Alle Titel zu
Beruf & Karriere
www.berufundkarriere.de

26-V_TRAbi

Bestellungen bitte direkt an

STARK Verlagsgesellschaft mbH & Co. KG · Postfach 1852 · 85318 Freising
Tel. 0180 3 179000* · Fax 0180 3 179001* · www.stark-verlag.de · info@stark-verlag.de

Lernen • Wissen • Zukunft
STARK

*9 Cent pro Min. aus dem deutschen Festnetz, Mobilfunk bis 42 Cent pro Min. Aus dem Mobilfunknetz wählen Sie die Festnetznummer: **08167 9573-0**